統計ライブラリー

分割表の統計解析

二元表から多元表まで

宮川雅巳
青木　敏

[著]

朝倉書店

ま え が き

　計測技術の進んだ今日でも，計量化できない現象は多い．たとえば精神的疾患という病状は，正常・軽症・重症といった順序のあるカテゴリーで判定されることが多い．また，世論調査で問われる支持政党などという回答は本質的にカテゴリカルである．ある治療を受けた複数の患者の結果は，各カテゴリーに属する度数データにまとめられる．いくつかの治療を比較する研究では，治療と病状に関する観測データを分割表と呼ばれる二元表にまとめ，これを統計解析する．このような二元分割表の解析法はほとんどの統計学の入門書にも記述されている．それだけ度数データを観測する場面が多いということであろう．そこでは適合度検定統計量が天下り的に登場する．天下り的になるのには理由があって，適合度検定をスコア検定として導出するのはかなり複雑だからである．本書でも，多項分布の適合度検定を導くのに留めている．ところが，要因と反応からなる二元分割表は，シンプソンのパラドックスとして知られるように，背後に交絡因子があると，ミスリーディングな解析結果を与えてしまうことがあるので，三元分割表としての解析が不可欠になる．また，二元分割表で行数と列数がある程度大きいときには，適合度検定で有意になっても，行と列の間にどのような従属性があるかを的確に把握するのが，難しいことが多い．

　このような事情を鑑み，本書では二元分割表の一連の解析として，χ^2 適合度検定とこれと漸近的に同等な尤度比検定，さらには正確検定について詳しく解説した後，二元分割表をコレスポンデンス分析で解析する方法を論じる．コレスポンデンス分析については，相関比最大化による導出とともに相関係数最大化による導出をそれぞれ行い，両者が同等であることを主張し，行数と列数が大きい場合の解析例を紹介する．また，コレスポンデンス分析と χ^2 適合度検定統計量との密接な関係についても解説する．

次に，三元分割表および四元以上の多元分割表の解析法について詳しく解説する．三元分割表では，交絡因子がある場合のマンテル・ヘンツェル検定と尤度比検定を説明するとともに，対数線形モデルを導入して 3 通りの独立性の検定を論じる．また，三元分割表での正確検定についても説明している．このような解析法はきわめて実用的であるにもかかわらず，統計学の入門書にはほとんど記述されていない．今日の計算機環境の充実を考えると，正確検定の出番は増してくると考えている．しかし，標本サイズが大きいと正確検定は計算が困難になるため，モンテカルロ法を用いた準正確検定についても述べている．四元以上の多元分割表についてはグラフィカルモデルによる解析法を詳しく述べ，グラフィカルモデルの特別な場合である分解可能モデルでの解析の有用性を主張している．この分解可能モデルはモンテカルロ法でも重要な役割を果たす．

　さらには，日本人統計学者の貢献の大きい列に順序がある場合の検定方法として，累積法，精密累積法，累積カイ 2 乗法について述べている．累積法を開発された故田口玄一博士の業績に改めて敬意を表したい．また，複数の 2×2 分割表におけるオッズ比に関する様々な統計的推測についても述べている．

　分割表の統計解析には，当然のことながら，いくつかの定理が存在する．本書では，これらの定理を述べるが，証明は原則として割愛した．それは，本書が，医学，薬学，工学，心理学，経済学などの諸分野で，統計解析を業務とする方々を対象にしているからである．これらの方々の一助となれば幸いである．

　本書をまとめるに当たり，東京大学名誉教授廣津千尋先生にお礼申し上げたい．筆者らはいずれも廣津先生の薫陶を受けた者であり，分割表の統計解析に興味をもったのは先生の教えによるところが大きい．最後に，編集の労をとられた朝倉書店編集部の方々にお礼申し上げる．

　2018 年 4 月

宮川雅巳・青木　敏

目　　次

1.　二元分割表の解析 ・・　1

1.1　二元分割表の統計モデル ・・　1

1.1.1　準　　備 ・・　1

1.1.2　総度数のみが与えられる場合 ・・・・・・・・・・・・・・・・・・・・・・・・・・・・・・・・・・・・・　2

1.1.3　行和と列和のいずれかが与えられる場合 ・・・・・・・・・・・・・・・・・・・・・・・　3

1.1.4　行和と列和のいずれもが与えられる場合 ・・・・・・・・・・・・・・・・・・・・・・・　4

1.1.5　総度数も与えられない場合 ・・　6

1.2　χ^2 適合度検定 ・・　7

1.2.1　χ^2 適合度検定の概要 ・・・　7

1.2.2　多項分布に対する χ^2 適合度検定 ・・・・・・・・・・・・・・・・・・・・・・・・・・・・・　8

1.2.3　総度数のみが与えられる場合 ・・・・・・・・・・・・・・・・・・・・・・・・・・・・・・・・・・・・・　10

1.2.4　行和と列和のいずれかが与えられる場合 ・・・・・・・・・・・・・・・・・・・・・・・　12

1.2.5　総度数も与えられない場合 ・・　14

1.3　尤度比検定 ・・　15

1.3.1　尤度比検定とは ・・　15

1.3.2　総度数のみが与えられる場合 ・・・・・・・・・・・・・・・・・・・・・・・・・・・・・・・・・・・・・　17

1.3.3　行和が与えられる場合 ・・・　19

1.4　正　確　検　定 ・・・　22

1.4.1　フィッシャーの正確検定 ・・　22

1.4.2　2×2 分割表の正確検定 ・・・　25

1.4.3　一般の二元分割表の正確検定 ・・・・・・・・・・・・・・・・・・・・・・・・・・・・・・・・・・・・　27

1.5　予見と回顧 ・・　30

1.5.1　統計的因果推論 ・・　30

iv　　　　　　　　　　　目　　　　次

　　1.5.2　予 見 研 究 ……………………………………………　31
　　1.5.3　回 顧 研 究 ……………………………………………　32

2. 二元分割表に対するコレスポンデンス分析………………………　34
　2.1　相関比最大化による定式化 ……………………………………　34
　　2.1.1　相関比とは ……………………………………………………　34
　　2.1.2　列に与える数量 ………………………………………………　36
　　2.1.3　定 式 化 ………………………………………………………　36
　　2.1.4　行に与える数量 ………………………………………………　39
　　2.1.5　数 値 例 ………………………………………………………　39
　2.2　相関係数最大化による定式化 …………………………………　41
　　2.2.1　相 関 係 数 ……………………………………………………　41
　　2.2.2　行と列の並べ替え ……………………………………………　42
　　2.2.3　定 式 化 ………………………………………………………　42
　2.3　次数が大きな二元分割表への適用例 …………………………　44
　　2.3.1　研究の背景 ……………………………………………………　44
　　2.3.2　調 査 方 法 ……………………………………………………　45
　　2.3.3　解 析 結 果 ……………………………………………………　47
　2.4　χ^2 適合度検定統計量との関係 ………………………………　49
　　2.4.1　スペクトル分解と特異値分解 ………………………………　49
　　2.4.2　定 式 化 ………………………………………………………　52
　2.5　多肢選択データへの適用 ………………………………………　54
　　2.5.1　多肢選択データとは …………………………………………　54
　　2.5.2　定 式 化 ………………………………………………………　54

3. 三元分割表の解析 ………………………………………………………　57
　3.1　シンプソンのパラドックス ……………………………………　57
　　3.1.1　シンプソンのパラドックスとは ……………………………　57
　　3.1.2　定 式 化 ………………………………………………………　58
　　3.1.3　交絡因子とは …………………………………………………　59

目　　　次　　　v

　3.2　マンテル・ヘンツェル検定 ·· 60

　　3.2.1　層間が独立の場合 ·· 60

　　3.2.2　層間が従属の場合 ·· 62

　3.3　3通りの独立性と対数線形モデル ····································· 67

　　3.3.1　基本モデル ·· 67

　　3.3.2　対数線形モデル ·· 69

　　3.3.3　パラメータ推定 ·· 71

　　3.3.4　尤度比検定統計量 ·· 72

　3.4　正　確　検　定 ·· 74

4.　グラフィカルモデルによる多元分割表解析 ······························ 76

　4.1　グラフィカルモデルとは ·· 76

　　4.1.1　多元分割表を読む ·· 76

　　4.1.2　バ ー ト 表 ·· 77

　　4.1.3　グラフィカルモデリングの出力 ···································· 78

　　4.1.4　グラフィカルモデル ·· 79

　4.2　分解可能モデル ·· 82

　　4.2.1　無向グラフの分解可能性 ·· 82

　　4.2.2　分解可能モデルの定義 ·· 83

　　4.2.3　分解可能モデルの解釈しやすさ ···································· 85

　4.3　パラメータ推定と適合度の指標 ·· 87

　　4.3.1　p次元分割表への拡張 ·· 87

　　4.3.2　表4.1に対する解析 ··· 89

　　4.3.3　バート表の限界 ·· 89

　　4.3.4　完全因数分解性 ·· 91

　　4.3.5　適合度の指標 ·· 93

　4.4　モデル選択過程 ·· 94

　　4.4.1　モデル選択の方針 ·· 94

　　4.4.2　表4.1に対するモデル選択 ··· 94

　　4.4.3　単調性の原理 ·· 95

5. モンテカルロ法の適用 97

5.1 モンテカルロ法の考え方 97

5.2 分解可能モデルからのサンプリング 98

5.3 マルコフ連鎖モンテカルロ法 102

6. 列に順序がある場合の二元分割表の解析 111

6.1 傾向のある対立仮説 111

   6.1.1 動 機 付 け 111

   6.1.2 $2 \times b$ 分割表における傾向のある対立仮説 112

6.2 累積法，精密累積法および累積カイ2乗法 113

   6.2.1 累 積 法 113

   6.2.2 累積カイ2乗法 115

   6.2.3 精密累積法 117

6.3 モデルケースによる比較検討 119

   6.3.1 モデルケース1 119

   6.3.2 モデルケース2 121

   6.3.3 モデルケース3 122

6.4 累積法と累積カイ2乗法に関する若干の考察 123

   6.4.1 自由度の問題 123

   6.4.2 誤差分散の評価 123

   6.4.3 水準間の優劣判定 124

7. オッズ比に関する統計的推測 125

7.1 等オッズ比性の検定 125

   7.1.1 2つの2値入出力系の比較問題 125

   7.1.2 問題の定式化 126

   7.1.3 対数線形モデルとの関係 127

   7.1.4 検定統計量とIPF 128

7.2 複数の 2×2 分割表が従属な場合 129

   7.2.1 問題の背景 129

7.2.2	従属な 2×2 分割表の定式化 ································	130
7.2.3	尤度比検定統計量の導出 ······································	131
7.2.4	別な検定統計量と従属性の影響 ····························	133
7.3	オッズ比に関する併合可能性 ·································	135
7.3.1	幾何学的解釈 ··	135
7.3.2	オッズ比の併合可能条件 ·····································	138

参考文献 ··· 141

索　引 ·· 143

1

二元分割表の解析

1.1 二元分割表の統計モデル

1.1.1 準　　備

　この章で扱う二元分割表データは表 1.1 の形にまとめられるものである．各個体を，行に対応する項目 A と列に対応する項目 B で分割しているので分割表という．$A_i B_j$ のセルに属する度数 (個体数) を n_{ij} と記し，これがある離散分布に従う確率変数 N_{ij} の実現値であるという統計モデルのもとに解析に臨む．

　A の水準 (カテゴリー) 数を a，B のそれを b とする．行和と列和，および総和 (総度数) をそれぞれ

$$n_{i+} = \sum_{j=1}^{b} n_{ij}, \quad n_{+j} = \sum_{i=1}^{a} n_{ij}, \quad n = \sum_{i=1}^{a} \sum_{j=1}^{b} n_{ij}$$

と表記する．和がとられた添字の部分を + で表す記号に慣れてほしい．

表 1.1　二元分割表データ

	B_1	B_2	$\cdots$	B_b	計
A_1	n_{11}	n_{12}	$\cdots$	n_{1b}	n_{1+}
A_2	n_{21}	n_{22}	$\cdots$	n_{2b}	n_{2+}
$\vdots$	$\vdots$	$\vdots$	$\vdots$	$\vdots$	$\vdots$
A_a	n_{a1}	n_{a2}	$\cdots$	n_{ab}	n_{a+}
計	n_{+1}	n_{+2}	$\cdots$	n_{+b}	n

　形式的に同じ二元表にまとめられる度数データでも，サンプリングの仕方によって，背後にある統計モデルは変わってくる．

1.1.2 総度数のみが与えられる場合

例 1.1 2 つの数学科目の成績分布

ある理工系大学では，1 年次の数学科目に「微積分」と「線形代数」がある．いずれも必修科目である．成績は優・良・可・不可の 4 段階でなされる．ある年度に入学した学生について両科目の成績を調べ，二元分割表の形に集計した．それを表 1.2 に示す．

表 1.2 2 つの数学科目の成績分布

		代数				計
		優	良	可	不可	
微積	優	18	7	1	2	28
	良	16	13	17	12	58
	可	7	3	10	21	41
	不可	7	2	3	6	18
	計	48	25	31	41	145

さて，ある学生がそれぞれの科目でいかなる成績をとるかは結果系であり，変量とみなせる．一般にこのような結果系の変量を反応と呼ぶ．学習申告の時点で確定しているのは総度数のみである．行和と列和も結果系である．「微積分」は良を中心に単峰傾向だが，「線形代数」は優と不可の両端に大きな度数がみられ，行和と列和の分布に意味がある．さらに，2 つの科目の成績の相関にも興味がある．

表 1.2 のようなデータを次のようにモデル化する．2 科目の成績とも変量であるから，その組合せを 1 つの反応とする．そこで全部で n 人の学生から 1 人の学生をランダムサンプリングしたとき，その学生がセル $A_i B_j$ に属する確率を p_{ij} とする．ここに

$$\sum_{i=1}^{a} \sum_{j=1}^{b} p_{ij} = 1$$

である．そして各学生がどのセルに属するかは，学生の間で互いに独立であると仮定する．

以上の仮定のもとでは，セル A_iB_j の観測度数 N_{ij} $(i=1,\ldots,a; j=1,\ldots,b)$ の同時分布は多項分布 (ab 項分布) になる．すなわち

$$P\{N_{ij}=n_{ij}; i=1,\ldots,a; j=1,\ldots,b\} = \frac{n!}{\displaystyle\prod_{i=1}^{a}\prod_{j=1}^{b} n_{ij}!} \prod_{i=1}^{a}\prod_{j=1}^{b} p_{ij}^{n_{ij}} \qquad (1.1)$$

である．p_{ij} より定まる周辺確率を

$$p_{i+} = \sum_{j=1}^{b} p_{ij}, \quad p_{+j} = \sum_{i=1}^{a} p_{ij}$$

とすれば，行和 N_{i+} $(i=1,\ldots,a)$ の分布は多項分布 (a 項分布)

$$P\{N_{i+}=n_{i+}; i=1,\ldots,a\} = \frac{n!}{\displaystyle\prod_{i=1}^{a} n_{i+}!} \prod_{i=1}^{a} p_{i+}^{n_{i+}}$$

である．列和の分布も同様で b 項分布になる．

さて，項目 A と B が独立ならば，セル A_iB_j に属する確率は，A_i に属する確率と B_j に属する確率の積であるから

$$p_{ij} = p_{i+} \times p_{+j}, \quad i=1,\ldots,a; j=1,\ldots,b \qquad (1.2)$$

が成立している．

1.1.3 行和と列和のいずれかが与えられる場合

例 1.2 2つの教育方法の比較

　例 1.1 で用いた理工系大学では，1学年が 145 名と多いので，2組に分けて「線形代数」の授業を行っている．第1組の担当教員は主に計算を主体にした講義を行い，第2組の担当教員は線形空間・内積・固有空間とやや抽象的に理論を展開している．期末試験の問題は2つの組で共通である．その成績を表 1.3 にまとめた．

表 1.3 2つの教育方法の比較

	優	良	可	不可	計
第1組	18	19	20	16	73
第2組	30	6	11	25	72

4　　　　　　　　　　1.　二元分割表の解析

　　表 1.3 の場合，行和があらかじめ定められた各組の人数で結果系ではない．よって行の効果にはもともと意味がない．興味は成績の分布が 2 つの組の間で異なるかどうかである．

　表 1.3 の度数データを定式化してみよう．行 A_i は試験の結果ではないので，A_i を与えたもとで B_j に属する割合に興味がある．よって，その確率 p_{ij} は

$$\sum_{j=1}^{b} p_{ij} = 1$$

を満たすものになる．すなわち，A_i ごとに多項分布 (b 項分布)

$$P\{N_{ij} = n_{ij}; j = 1, \ldots, b\} = \frac{n_{i+}!}{\prod_{j=1}^{b} n_{ij}!} \prod_{j=1}^{b} p_{ij}^{n_{ij}} \tag{1.3}$$

を考えることになる．A_i でのパラメータベクトルを

$$\boldsymbol{p}_i = (p_{i1}, p_{i2}, \ldots, p_{ib}) \tag{1.4}$$

とすれば，行の間で各列への反応割合が等しいことは

$$\boldsymbol{p}_1 = \boldsymbol{p}_2 = \cdots = \boldsymbol{p}_a \tag{1.5}$$

と表現できる．

1.1.4　行和と列和のいずれもが与えられる場合

　例 1.3　官能検査による銘柄当て
　　インスタントコーヒーから 3 銘柄を選び，それぞれ 5 杯用意する．これを 1 人の官能検査員に試飲して銘柄を言い当ててもらう．このとき，銘柄の名前と，それぞれ 5 杯ずつあることをあらかじめ教えておく．試験の結果を二元分割表にまとめたものが表 1.4 である．行に真の銘柄，列に判定した銘柄をとって，各セルには対応する杯の数を記入している．行和は試験の計画で決まってくる定数である．さらに検査員は「それぞれ 5 杯ずつあること」を知っているので，列和もそれぞれ 5 と定数になることが特徴である．

1.1 二元分割表の統計モデル 5

表 1.4 インスタントコーヒーの銘柄当て試験

		判定			
		銘柄 1	銘柄 2	銘柄 3	計
真	銘柄 1	2	2	1	5
	銘柄 2	1	3	1	5
	銘柄 3	2	0	3	5
	計	5	5	5	15

この場合の統計モデルは次のようになる.

いま，袋の中に形や重さは同じ白玉 t 個，黒玉 s 個および赤玉 r 個があるとしよう．箱を 3 つ用意して，全部で $t+s+r$ 個の玉をデタラメに分割して，それらの箱に所定数入れたとき，それぞれの箱の中にある各色の数の同時分布を考えてみよう.

一般に，個体が a 種類に分類され，それぞれの個体が $n_1, n_2, \ldots, n_a$ あるとする．これを大きさがそれぞれ $m_1, m_2, \ldots, m_b$ の b 個の群にデタラメに分割する．ここで，総個体数を n とすれば

$$n_1 + n_2 + \cdots + n_a = m_1 + m_2 + \cdots + m_b = n$$

である．このとき，群 j に含まれる種類 i の数 N_{ij} $(i = 1, \ldots, a; j = 1, \ldots, b)$ の同時分布は

$$P\{N_{ij} = n_{ij}; i = 1, \ldots, a; j = 1, \ldots, b\} = \frac{\prod_{i=1}^{a} \dfrac{n_i!}{n_{i1}! n_{i2}! \cdots n_{ib}!}}{\dfrac{n!}{m_1! m_2! \cdots m_b!}} \qquad (1.6)$$

となる．この分布を**多項超幾何分布**という.

例 1.3 で官能検査員の識別能力が皆無であったとしよう．そのとき，全部で 15 杯のコーヒーは，まったくデタラメに 3 つの銘柄に振り分けられるだろう．それはちょうど，触覚では区別のつかない 3 種類の玉 (各種類で 5 個ずつある) を非復元抽出して，3 つの箱に入れる行為に対応する．よって一般に，行和と列和が与えられた $a \times b$ の二元分割表で，行と列が無関係なときのセル度数の同時分布は多項超幾何分布になる．行和を $n_1, n_2, \ldots, n_a$ に，列和を $m_1, m_2, \ldots, m_b$

6   1. 二元分割表の解析

に対応させたとき

$$P\{N_{ij} = n_{ij}; i = 1, \ldots, a; j = 1, \ldots, b\} = \frac{\displaystyle\prod_{i=1}^{a} \frac{n_{i+}!}{n_{i1}!n_{i2}!\cdots n_{ib}!}}{\displaystyle\frac{n!}{n_{+1}!n_{+2}!\cdots n_{+b}!}} \qquad (1.7)$$

となる．行と列を入れ替えても同じ形になることを確認してほしい．

1.1.5 総度数も与えられない場合

例 1.4 2 因子実験で離散特性を観測する場合

　ガラス瓶の成形工程では，内部キズの発生が大きな品質問題になっている．そこで，成形工程で 2 つの制御因子 A と B をそれぞれ 3 水準取り上げた実験研究を行った．実験の特性値は一定体積あたりのキズの数という離散量である．このとき，キズの総度数も実験の結果から決まる変量である．数値例を表 1.5 に示す．因子 A と B の主効果とともに交互作用 A × B に興味がある．

表 1.5 2 因子実験でのキズの数

	B_1	B_2	B_3	計
A_1	2	5	4	11
A_2	0	3	6	9
A_3	1	7	3	11
計	3	15	13	31

　例 1.4 の状況を定式化しよう．$A_i B_j$ の処理のもとで観測されたキズの数 n_{ij} が平均 λ_{ij} のポアソン分布に従う確率変数 N_{ij} の実現値であるという統計モデルのもとに解析を進めよう．全部で ab 通りの処理が独立になされたとして，N_{ij} ($i = 1, \ldots, a; j = 1, \ldots, b$) の同時分布は

$$P\{N_{ij} = n_{ij}; i = 1, \ldots, a; j = 1, \ldots, b\} = \prod_{i=1}^{a} \prod_{j=1}^{b} \frac{\lambda_{ij}^{n_{ij}}}{n_{ij}!} e^{-\lambda_{ij}} \qquad (1.8)$$

となる．

独立にポアソン分布に従う確率変数について，次の性質が成り立つ.

1) 総度数 $N = \sum_{i=1}^{a} \sum_{j=1}^{b} N_{ij}$ は平均 $\lambda = \sum_{i=1}^{a} \sum_{j=1}^{b} \lambda_{ij}$ のポアソン分布に従う.

2) 総度数 $N = n$ を与えたときの N_{ij} $(i = 1, \ldots, a; j = 1, \ldots, b)$ の条件付き同時分布は $p_{ij} = \lambda_{ij}/\lambda$ の多項分布に従う.

よって，総度数 n を条件付きにした統計モデルは，1.1.2 項で述べた ab 項分布に帰着する.

1.2 χ^2 適 合 度 検 定

1.2.1 χ^2 適合度検定の概要

前節では，二元分割表にまとめられるデータに対して，代表的なサンプリング方法と基本的な統計モデルを確認した. 本節では，これらの基本的な統計モデルが，観測されたデータに適合しているかを判断するための検定手法として広く用いられている，χ^2 適合度検定について説明する. 仮説検定の用語を用いれば，χ^2 適合度検定における帰無仮説は前節でみた基本的な統計モデルとなり，対立仮説はその否定となる. このように，対立仮説としてとくに構造を指定しない統計モデル (これを飽和モデルという) を想定する検定問題は，一般に，適合度検定と呼ばれる.

分割表データに対する χ^2 適合度検定の検定統計量は，いずれのサンプリング方法に対しても

$$\chi^2 = \sum \frac{(観測度数 - 期待度数)^2}{期待度数} \tag{1.9}$$

の形に表すことができる. ただし和は，すべてのセルに関する和である. ここでの「期待度数」は，帰無仮説のもとでの母数の最尤推定量から計算される，各セルにおける観測度数の期待値である. 帰無仮説が真であるとき，各セルの観測度数は，それぞれ期待度数に近い値をとると考えられるから，χ^2 の値は，観測度数と期待度数の「距離」を測る量であると考えられる. したがって，χ^2 が大きな値をとるとき帰無仮説を棄却する，という検定方式は，直感的にも妥当である. 検定統計量 χ^2 は，帰無仮説のもとで近似的に χ^2 分布に従い，その自由度は，対立仮説，帰無仮説のそれぞれのもとでの母数の自由度の差となる. したがって，棄却点は χ^2 分布の上側パーセント点として設定することができ

る. このことが, χ^2 適合度検定という用語の所以である.

分割表などの離散分布に対する χ^2 適合度検定は, スコア検定の一般論から導出することができるが, 考えている帰無仮説は複合仮説であるので, やや複雑である. 本書では, 多項分布の母数に関する一般的な設定で, χ^2 適合度検定を導出する.

1.2.2 多項分布に対する χ^2 適合度検定

$N_1, \ldots, N_r$ を, 多項分布 (r 項分布)

$$P(N_i = n_i;\ i = 1, \ldots, r) = \frac{n!}{\prod\limits_{i=1}^{r} n_i!} \prod_{i=1}^{r} p_i^{n_i}, \quad \sum_{i=1}^{r} n_i = n$$

に従う確率変数とする. 母数 $p_1, \ldots, p_r$ は, $\sum\limits_{i=1}^{r} p_i = 1$ を満たすので, $p_r = 1 - \sum\limits_{i=1}^{r-1} p_i$ とおいて $\boldsymbol{p} = (p_1, \ldots, p_{r-1})^T$ を $r-1$ 次元の母数ベクトルとする. 考える検定問題は, この $\boldsymbol{p}$ が $m\ (< r-1)$ 次元の母数ベクトル $\boldsymbol{\theta}$ を用いて

$$\mathrm{H}_0:\ \boldsymbol{p} = h(\boldsymbol{\theta})$$

と表される, というものである.

この検定問題に対し, スコア検定を定義する. 一般にスコア関数とは, 対数尤度の母数による 1 階偏微分をいうが, ここではそれを $n^{-1/2}$ 倍した $r-1$ 次元列ベクトルを

$$S(\boldsymbol{p}) = \frac{1}{\sqrt{n}} \left(\frac{\partial \ell(\boldsymbol{p})}{\partial p_1}, \ldots, \frac{\partial \ell(\boldsymbol{p})}{\partial p_{r-1}} \right)^T$$

とおく. また, フィッシャー情報行列 $I(\boldsymbol{p}) = (g_{ij})$ を

$$g_{ij} = -\frac{1}{n} E\left(\frac{\partial^2 \ell(\boldsymbol{p})}{\partial p_i \partial p_j} \right), \quad i, j = 1, \ldots, r-1$$

と定義する. このとき, 帰無仮説のもとでの $\boldsymbol{\theta}$ の最尤推定量を $\hat{\boldsymbol{\theta}}$ と表し

$$\hat{\boldsymbol{p}} = h(\hat{\boldsymbol{\theta}})$$

とおけば, スコア検定の一般論より次が成り立つ.

○定理 1.1

帰無仮説のもとで, $S(\hat{\boldsymbol{p}})^T I^{-1}(\hat{\boldsymbol{p}}) S(\hat{\boldsymbol{p}})$ は漸近的に自由度 $r-m$ の χ^2 分布に従う.

以下，この形の検定が，多項分布の場合に χ^2 適合度検定と一致することを確認する．まず，対数尤度は

$$\ell(\boldsymbol{p}) = \text{Const.} + \sum_{i=1}^{r} n_i \log p_i$$

と書ける．ただし $p_r = 1 - p_1 - \cdots - p_{r-1}$ とおいており，上式は

$$\ell(\boldsymbol{p}) = \text{Const.} + \sum_{i=1}^{r-1} n_i \log p_i + n_r \log(1 - p_1 - \cdots - p_{r-1})$$

の意味である．簡単のため，以下も同様の置き換えを行う．スコアベクトル (の $n^{-1/2}$ 倍) は

$$S(\boldsymbol{p}) = \frac{1}{n}\left(\frac{n_1}{p_1} - \frac{n_r}{p_r}, \cdots, \frac{n_{r-1}}{p_{r-1}} - \frac{n_r}{p_r}\right)^T$$

となり，フィッシャー情報行列の $I(\boldsymbol{p})$ の (i, j) 成分 g_{ij} は

$$g_{ij} = \begin{cases} -\dfrac{1}{n}E\left(-\dfrac{n_i}{p_i^2} - \dfrac{n_r}{p_r^2}\right) = \dfrac{1}{p_i} + \dfrac{1}{p_r}, & i = j \\ -\dfrac{1}{n}E\left(-\dfrac{n_r}{p_r^2}\right) = \dfrac{1}{p_r}, & i \neq j \end{cases}$$

となる．$I(\boldsymbol{p})$ の逆行列を求めるために，成分がすべて 1 の a 次列ベクトル $\mathbf{1}_a = (1, \ldots, 1)^T$ を導入して

$$I(\boldsymbol{p}) = \begin{pmatrix} p_1^{-1} + p_r^{-1} & p_r^{-1} & \cdots & p_r^{-1} \\ p_r^{-1} & p_2^{-1} + p_r^{-1} & \cdots & p_r^{-1} \\ \vdots & & \ddots & \vdots \\ p_r^{-1} & \cdots & & p_{r-1}^{-1} + p_r^{-1} \end{pmatrix}$$

$$= \text{diag}(p_i^{-1})\left\{I + \frac{1}{p_r}\begin{pmatrix} p_1 \\ \vdots \\ p_{r-1} \end{pmatrix}\mathbf{1}_{r-1}^T\right\},$$

$$\text{diag}(p_i^{-1}) = \begin{pmatrix} p_1^{-1} & 0 & \cdots & 0 \\ 0 & p_2^{-1} & & 0 \\ \vdots & & \ddots & \vdots \\ 0 & 0 & \cdots & p_{r-1}^{-1} \end{pmatrix}$$

と書けば，

$$
I^{-1}(\boldsymbol{p}) = \left[\mathrm{diag}(p_i^{-1}) \left\{ I + \frac{1}{p_r} \begin{pmatrix} p_1 \\ \vdots \\ p_{r-1} \end{pmatrix} \mathbf{1}_{r-1}^T \right\} \right]^{-1} = \left\{ I - \begin{pmatrix} p_1 \\ \vdots \\ p_{r-1} \end{pmatrix} \mathbf{1}_{r-1}^T \right\} \mathrm{diag}(p_i)
$$

と変形できる．一方，$S(\boldsymbol{p})$ についても

$$
S(\boldsymbol{p}) = \frac{1}{\sqrt{n}} \begin{pmatrix} p_1^{-1} & 0 & \cdots & 0 & -p_r^{-1} \\ 0 & p_2^{-1} & \cdots & 0 & -p_r^{-1} \\ \vdots & & \ddots & & \vdots \\ 0 & 0 & \cdots & p_{r-1}^{-1} & -p_r^{-1} \end{pmatrix} \begin{pmatrix} n_1 \\ \vdots \\ n_{r-1} \\ n_r \end{pmatrix}
$$

と表す．これらの式に $\boldsymbol{p} = \hat{\boldsymbol{p}}$ を代入して整理すれば

$$
S(\hat{\boldsymbol{p}})^T I^{-1}(\hat{\boldsymbol{p}}) S(\hat{\boldsymbol{p}}) = \sum_{i=1}^{r} \frac{(n_i - n\hat{p}_i)^2}{n\hat{p}_i} \tag{1.10}
$$

が得られる．この式は確かに，最初に述べた (1.9) 式の形になっている．前節で述べた，二元分割表データに対する 4 通りのサンプリング方法のそれぞれについても，同様の式変形により，χ^2 適合度検定が (1.9) 式の形で表されることが確認できる．つまり，いずれのサンプリング方式に対しても，帰無仮説のもとでの母数の最尤推定値を求め，そこから各セル頻度の期待度数を求めればよい．以下で具体的に確認する．

1.2.3 総度数のみが与えられる場合

N_{ij} $(i = 1, \ldots, a;\ j = 1, \ldots, b)$ の同時分布が多項分布 $(ab$ 項分布$)$ に従う場合について考える．この場合，母数ベクトルは $\boldsymbol{p}$ は $ab - 1$ 次元であり，自然な統計モデルは，項目 A と B の効果の独立モデルで，(1.2) 式で与えられた．これはまた，$a + b - 2$ 次元の母数ベクトル

$$
\boldsymbol{\theta} = (\alpha_1, \ldots, \alpha_{a-1}, \beta_1, \ldots, \beta_{b-1})^T
$$

を導入して

$$
\mathrm{H}_0: \quad p_{ij} = \alpha_i \beta_j, \quad i = 1, \ldots, a;\ j = 1, \ldots, b
$$

とおいても同値である．ただしここで，

$$\alpha_a = 1 - \alpha_1 - \cdots - \alpha_{a-1},$$
$$\beta_b = 1 - \beta_1 - \cdots - \beta_{b-1}$$

とおいている．

観測度数 n_{ij} $(i = 1, \ldots, a;\ j = 1, \ldots, b)$ が得られたとき，帰無仮説のもとでの対数尤度は

$$\ell(\boldsymbol{p}) = \text{Const.} + \sum_{i=1}^{a} \sum_{j=1}^{b} n_{ij} \log p_{ij}$$
$$= \text{Const.} + \sum_{i=1}^{a} \sum_{j=1}^{b} n_{ij} \log(\alpha_i \beta_j)$$
$$= \text{Const.} + \sum_{i=1}^{a} n_{i+} \log \alpha_i + \sum_{j=1}^{b} n_{+j} \log \beta_j$$

となるので，これを

$$\sum_{i=1}^{a} \alpha_i = \sum_{j=1}^{b} \beta_j = 1$$

の制約下で最大化することで，帰無仮説のもとでの最尤推定値を求める．ラグランジュの未定乗数法により

$$F = \sum_{i=1}^{a} n_{i+} \log \alpha_i + \sum_{j=1}^{b} n_{+j} \log \beta_j - \lambda \left(\sum_{i=1}^{a} \alpha_i - 1 \right) - \mu \left(\sum_{j=1}^{b} \beta_j - 1 \right)$$

とおき，連立方程式

$$\frac{\partial F}{\partial \alpha_i} = \frac{\partial F}{\partial \beta_j} = \frac{\partial F}{\partial \lambda} = \frac{\partial F}{\partial \mu} = 0$$

を解けば，

$$\lambda = \mu = n, \ \hat{\alpha}_i = \frac{n_{i+}}{n}, \ \hat{\beta}_j = \frac{n_{+j}}{n}$$

が得られる．これより，帰無仮説のもとでの最尤推定値

$$\hat{p}_{ij} = \frac{n_{i+} n_{+j}}{n^2}$$

を得る．これを (1.10) 式に代入すれば，χ^2 適合度検定の統計量

$$\chi^2 = \sum_{i=1}^{a} \sum_{j=1}^{b} \frac{(n_{ij} - n_{i+} n_{+j}/n)^2}{n_{i+} n_{+j}/n} \tag{1.11}$$

を得る．N_{ij} の期待度数は $E(N_{ij}) = n\hat{p}_{ij}$ であるので，これは確かに，(1.9) 式の形になっている．χ^2 分布の自由度は，$(ab-1) - (a+b-2) = (a-1)(b-1)$ となる．

例 1.5 表 1.2 に対する χ^2 適合度検定

表 1.2 の，2 つの数学科目の成績分布について，独立性の帰無仮説の χ^2 適合度検定を行う．帰無仮説のもとでの期待度数は，表 1.6 となる．

表 1.6 独立性の帰無仮説のもとでの期待度数

	優	良	可	不可	計
優	9.27	4.83	5.99	7.92	28
良	19.20	10.00	12.40	16.40	58
可	13.57	7.07	8.77	11.59	41
不可	5.96	3.10	3.85	5.09	18
計	48	25	31	41	145

この値と表 1.2 の観測値から，χ^2 の値は

$$\chi^2 = \frac{(18 - 9.27)^2}{9.27} + \frac{(7 - 4.83)^2}{4.83} + \cdots + \frac{(6 - 5.09)^2}{5.09} = 36.35$$

となる．帰無仮説が正しければ，χ^2 の値は自由度 $(4-1)(4-1) = 9$ の χ^2 分布 χ_9^2 に従って分布するが，この値は χ_9^2 の上側 1% 点 $\chi_{9,0.01}^2 = 21.67$ よりもはるかに大きいので，有意水準 1% で帰無仮説は棄却される．すなわち，独立性の仮説が真であるとは言い難い．

1.2.4 行和と列和のいずれかが与えられる場合

N_{ij} $(j = 1, \ldots, b)$ の同時分布が，項目 A の水準 A_i $(i = 1, \ldots, a)$ ごとに独立な多項分布 (b 項分布) $M(n_{i+}, \boldsymbol{p}_i = (p_{i1}, \ldots, p_{ib}))$ に従う場合について考える．この場合，母数ベクトルは $a(b-1)$ 次元であり，自然な統計モデルは，A_i の水準ごとの a 個の多項分布の母数が等しいというモデルで，(1.5) 式で与えられていた．これを，共通の母数 $p_1, \ldots, p_b$ を導入して

$$\mathrm{H}_0: p_{ij} = p_j, \quad i = 1, \ldots, a; \; j = 1, \ldots, b$$

と表す.

観測度数 n_{ij} ($i = 1, \ldots, a$; $j = 1, \ldots, b$) が得られたとき，帰無仮説のもとでの対数尤度は

$$\ell(\boldsymbol{p}) = \text{Const.} + \sum_{i=1}^{a} \sum_{j=1}^{b} n_{ij} \log p_{ij}$$
$$= \text{Const.} + \sum_{i=1}^{a} \sum_{j=1}^{b} n_{ij} \log p_j$$
$$= \text{Const.} + \sum_{j=1}^{b} n_{+j} \log p_j$$

となる．これを $\sum_{i=1}^{b} p_j = 1$ の制約下で最大化することで，帰無仮説のもとでの最尤推定値を求める．ラグランジュの未定乗数法により

$$F = \sum_{j=1}^{b} n_{+j} \log p_j - \lambda \left(\sum_{j=1}^{b} p_j - 1 \right)$$

とおき，連立方程式

$$\frac{\partial F}{\partial p_j} = \frac{\partial F}{\partial \lambda} = 0$$

を解けば，

$$\lambda = n, \quad \hat{p}_j = \frac{n_{+j}}{n}$$

が得られる．これが帰無仮説のもとでの最尤推定値である．N_{ij} の期待度数は $E(N_{ij}) = n_{i+} \hat{p}_j$ であるので，これを (1.9) 式に代入すれば，χ^2 適合度検定の統計量が (1.11) 式と一致することがわかる．χ^2 分布の自由度は，飽和モデルのもとでの母数の自由度 $a(b-1)$ と帰無仮説のもとでの母数の自由度 $b-1$ の差であるから，$a(b-1) - (b-1) = (a-1)(b-1)$ となって，これも先ほどの例と一致する．

例 1.6 表 1.3 に対する χ^2 適合度検定

表 1.3 の，2 つの教育方法の比較データについて，2 つの組の多項分布の母数が等しいという帰無仮説の χ^2 適合度検定を行う．帰無仮説のもとでの期待度数は表 1.7 となる．

第 1 組，第 2 組とも，期待度数は，各組の人数を分割表の列和の比率 $48 : 25 : 31 : 41$ に従って分配したものとなる．χ^2 適合度統計量の値は

$$\chi^2 = \frac{(18-24.17)^2}{24.17} + \frac{(19-12.59)^2}{12.59} + \cdots + \frac{(25-20.36)^2}{20.36} = 14.34$$

となる．帰無仮説が正しければ，χ^2 の値は自由度 $(2-1)(4-1) = 3$ の χ^2 分布 χ_3^2 に従って分布するが，この値は，χ_3^2 の上側 1% 点 $\chi_{3,0.01}^2 = 11.34$ よりも大きい値である．つまり，2 つの成績分布が等しいという帰無仮説は，有意水準 1% で棄却される．

表 1.7　独立性の帰無仮説のもとでの期待度数

	優	良	可	不可	計
第 1 組	24.17	12.59	15.61	20.64	73
第 2 組	23.83	12.41	15.39	20.36	72
計	48	25	31	41	145

1.2.5　総度数も与えられない場合

N_{ij} $(i = 1, \ldots, a;\ j = 1, \ldots, b)$ の同時分布が，水準の組合せごとに独立なポアソン分布 $Po(\lambda_{ij})$ の場合を考える．自然な統計モデルは，因子 A, B の主効果モデル，つまり，交互作用 $A \times B$ が存在しない，というモデルである．この場合は，1.1.4 項で述べたように，総度数 n を与えたもとでの N_{ij} の条件付き分布が多項分布 (ab 項分布) となることから，χ^2 適合度検定統計量は 1.2.3 項と同じ (1.11) 式となる．N_{ij} の期待度数は $E(N_{ij}) = n_{i+}n_{+j}/n$ であり，χ^2 分布の自由度は $(a-1)(b-1)$ である．

例 1.7　表 1.5 に対する χ^2 適合度検定

表 1.5 の，2 因子実験でのキズの数のデータについて，主効果モデルの χ^2 適合度検定を行う．帰無仮説のもとでの期待度数は表 1.8 となる．

表 1.8　主効果モデルのもとでの期待度数

	B_1	B_2	B_3	計
A_1	1.06	5.32	4.61	11
A_2	0.87	4.35	3.77	9
A_3	1.06	5.32	4.61	11
計	3	15	13	31

χ^2 適合度統計量の値は

$$\chi^2 = \frac{(2 - 1.06)^2}{1.06} + \frac{(5 - 5.32)^2}{5.32} + \cdots + \frac{(3 - 4.61)^2}{4.61} = 4.62$$

となる．これは，自由度 $(3-1)(3-1) = 4$ の χ^2 分布の上側 5% 点 $\chi^2_{4,0.05} = 9.49$ よりも小さく，主効果モデルの帰無仮説は有意水準 5% で棄却されない．

1.3 尤度比検定

1.3.1 尤度比検定とは

確率変数 $X_1, X_2, \ldots, X_n$ が互いに独立に同一の確率密度関数 $f(x; \theta)$ をもつ分布に従うとする．まずは，パラメータ θ はスカラーとする．θ に対する単純帰無仮説

$$\mathrm{H}_0 : \theta = \theta_0$$

を両側対立仮説

$$\mathrm{H}_1 : \theta \neq \theta_0$$

に対して検定する問題を考える．

このとき，ネイマン・ピアソンの基本定理のアナロジーで

$$\Lambda = \frac{\max_{\theta} f(x_1, x_2, \ldots, x_n; \theta)}{f(x_1, x_2, \ldots, x_n; \theta_0)} \geq c \tag{1.12}$$

という形の棄却域をとる検定方式を尤度比検定という．

例 1.8 正規分布 (σ 既知) の母平均に関する尤度比検定

$X_1, X_2, \ldots, X_n$ が互いに独立に正規分布 $N(\mu, 1^2)$ に従うとき，帰無仮説と対立仮説がそれぞれ

$$\mathrm{H}_0 : \mu = 0$$

$$\mathrm{H}_1 : \mu \neq 0$$

で与えられた場合の尤度比検定を導こう．$X_1, X_2, \ldots, X_n$ の同時密度関数は

$$f(x_1, x_2, \ldots, x_n; \mu) = \prod_{i=1}^{n} \left[\frac{1}{\sqrt{2\pi}} \exp\left\{ -\frac{(x_i - \mu)^2}{2} \right\} \right]$$

$$= \left(\frac{1}{\sqrt{2\pi}} \right)^n \exp\left\{ -\sum_{i=1}^{n} \frac{(x_i - \mu)^2}{2} \right\}$$

である. これを μ の関数としてみたとき, 尤度といい, $L(\mu)$ と記す.

(1.9) 式の分子は $f(x_1, x_2, \ldots, x_n; \mu)$ を μ について最大化すればよい. この最大化は尤度の対数をとると便利なことが多い (対数変換は単調変換である). 対数尤度は

$$\log L(\mu) = n \log \frac{1}{\sqrt{2\pi}} - \sum_{i=1}^{n} \frac{(x_i - \mu)^2}{2}$$

である. これを μ で微分して 0 とおくと

$$\frac{d}{d\mu} \log L(\mu) = \sum_{i=1}^{n} (x_i - \mu) = 0$$

であるから, $L(\mu)$ の最大値を与える μ は $\bar{x}$ であることがわかる. これを**最尤推定値**という. よって (1.9) 式の分子は

$$\left(\frac{1}{\sqrt{2\pi}} \right)^n \exp\left\{ -\sum_{i=1}^{n} \frac{(x_i - \bar{x})^2}{2} \right\}$$

となる. 一方, (1.9) 式の分母は, $H_0 : \mu = 0$ より

$$\left(\frac{1}{\sqrt{2\pi}} \right)^n \exp\left\{ -\sum_{i=1}^{n} \frac{x_i^2}{2} \right\}$$

であるから, 尤度比は

$$\Lambda = \exp\left\{ \frac{n\bar{x}^2}{2} \right\}$$

となる. 指数関数は単調増加関数だから, 尤度比検定による棄却域は

$$|\bar{x}| \geq c$$

の形になる.

尤度比検定においては, 次の定理が知られている. ここでパラメータは p 次

元ベクトル $\boldsymbol{\theta} = (\theta_1, \theta_2, \ldots, \theta_p)$ とする. 帰無仮説と対立仮説がそれぞれ

$$H_0 \; : \; \boldsymbol{\theta} = \boldsymbol{\theta}_0$$

$$H_1 \; : \; \boldsymbol{\theta} \neq \boldsymbol{\theta}_0$$

で与えられるときの尤度比検定を考える.

○定理 **1.2**

標本数が十分大きいとき, 尤度比 Λ において, $2 \log \Lambda$ の分布は自由度 p の χ^2 分布になる.

1.3.2 総度数のみが与えられる場合

総度数のみが与えられる場合の二元分割表において, 行と列が独立という帰無仮説は, (1.2) 式より

$$H_0 \; : \; p_{ij} = p_{i+} \times p_{+j}, \quad i = 1, \ldots, a; \; j = 1, \ldots, b$$

と書ける. 対立仮説は H_0 の否定とする.

この検定問題に尤度比検定を適用しよう. 表記の便宜のため, ab 次元のパラメータベクトルを

$$\boldsymbol{p} = (p_{11}, \ldots, p_{1b}, \ldots, p_{a1}, \ldots, p_{ab})$$

と定める. まず, p_{ij} の総和が 1 ということ以外には, パラメータに制約がないときの最尤推定値と最大尤度を求めよう.

セル $A_i B_j$ の観測度数 n_{ij} $(i = 1, \ldots, a; j = 1, \ldots, b)$ が得られたときの尤度は, 多項係数の部分を除いて

$$L(\boldsymbol{p}) = \prod_{i=1}^{a} \prod_{j=1}^{b} p_{ij}^{n_{ij}} \tag{1.13}$$

であるから, 対数尤度は

$$\log L(\boldsymbol{p}) = \sum_{i=1}^{a} \sum_{j=1}^{b} n_{ij} \log p_{ij}$$

となる. これを

$$\sum_{i=1}^{a}\sum_{j=1}^{b} p_{ij} = 1$$

の制約下で最大にするパラメータベクトル $\boldsymbol{p}$ を求めればよい．ラグランジュの未定乗数法により

$$F = \sum_{i=1}^{a}\sum_{j=1}^{b} n_{ij}\log p_{ij} - \lambda\left(\sum_{i=1}^{a}\sum_{j=1}^{b} p_{ij} - 1\right)$$

を $\boldsymbol{p}$ の要素で偏微分して 0 とおいた方程式を解けば，$\lambda = n$ となり

$$\hat{p}_{ij} = \frac{n_{ij}}{n}$$

がただちに得られる．すなわち，最尤推定値は観測された相対度数である．これを (1.13) 式に代入すれば，対立仮説のもとでの最大尤度は

$$L(\hat{\boldsymbol{p}}) = \prod_{i=1}^{a}\prod_{j=1}^{b}\left(\frac{n_{ij}}{n}\right)^{n_{ij}} \tag{1.14}$$

となる．

次に，帰無仮説 H_0 のもとでの最尤推定値と最大尤度を求めよう．このとき尤度は，多項係数の部分を除いて

$$L(\boldsymbol{p}) = \prod_{i=1}^{a}\prod_{j=1}^{b}(p_{i+}p_{+j})^{n_{ij}}$$

$$= \left[\prod_{i=1}^{a} p_{i+}^{n_{i+}}\right]\left[\prod_{j=1}^{b} p_{+j}^{n_{+j}}\right] \tag{1.15}$$

となる．すなわち，帰無仮説のもとでは，N_{i+} $(i = 1,\ldots,a)$ と N_{+j} $(j = 1,\ldots,b)$ が十分統計量になっている．(1.15) 式を

$$\sum_{i=1}^{a} p_{i+} = \sum_{j=1}^{b} p_{+j} = 1$$

の制約下で最大化する．この場合もラグランジュの未定乗数法を用いることで

$$\tilde{p}_{i+} = \frac{n_{i+}}{n}$$

$$\tilde{p}_{+j} = \frac{n_{+j}}{n}$$

が得られる．これより H_0 での p_{ij} の最尤推定値は

$$\tilde{p}_{ij} = \frac{n_{i+}n_{+j}}{n^2}$$

となる．これを (1.13) 式に代入すれば，帰無仮説のもとでの最大尤度は

$$L(\tilde{p}) = \prod_{i=1}^{a} \prod_{j=1}^{b} \left(\frac{n_{i+}n_{+j}}{n^2} \right)^{n_{ij}} \tag{1.16}$$

である．(1.14) 式と (1.16) 式より，尤度比 Λ は

$$\Lambda = \prod_{i=1}^{a} \prod_{j=1}^{b} \left(\frac{n_{ij}n}{n_{i+}n_{+j}} \right)^{n_{ij}} \tag{1.17}$$

という形にまとめられる．定理 1.2 に述べたように，$2\log\Lambda$ は漸近的に χ^2 分布に従う．その自由度は，対立仮説と帰無仮説でのパラメータ数の差である．対立仮説でのパラメータ数は $ab-1$ で，帰無仮説でのそれは $(a-1)+(b-1)$ であるから，その自由度は

$$ab - 1 - (a-1) - (b-1) = (a-1)(b-1)$$

となる．$2\log\Lambda$ は

$$
\begin{aligned}
2\log\Lambda &= 2\sum_{i=1}^{a}\sum_{j=1}^{b} \Big[n_{ij}\log n_{ij} - n_{ij}\log n_{i+} - n_{ij}\log n_{+j} + n_{ij}\log n \Big] \\
&= 2\left[\sum_{i=1}^{a}\sum_{j=1}^{b} n_{ij}\log n_{ij} - \sum_{i=1}^{a} n_{i+}\log n_{i+} - \sum_{j=1}^{b} n_{+j}\log n_{+j} + n\log n \right] \\
&= 2\sum_{i=1}^{a}\sum_{j=1}^{b} n_{ij}\left[\log n_{ij} - \log\frac{n_{i+}n_{+j}}{n} \right] \tag{1.18}
\end{aligned}
$$

と書ける．(1.18) 式の最後の式の $\dfrac{n_{i+}n_{+j}}{n}$ は，1.2 節で扱った χ^2 適合度検定での期待度数に他ならない．すなわち，観測度数と期待度数を対数において比較し，観測度数で重みをつけているのが尤度比検定である．

1.3.3　行和が与えられる場合

A_i を与えたもとで B_j に反応する確率を p_{ij} とする．ここで行和が 1 であるこ

20　　　　　　　　　　　1. 二元分割表の解析

とを確認する．A_i でのパラメータベクトルを

$$\boldsymbol{p}_i = (p_{i1}, p_{i2}, \ldots, p_{ib})$$

とすれば，行の間で各列への反応割合が等しいという帰無仮説は

$$\mathrm{H}_0 : \boldsymbol{p}_1 = \boldsymbol{p}_2 = \cdots = \boldsymbol{p}_a$$

と表現できる．対立仮説は H_0 の否定である．まず，対立仮説のもとでの最尤推定値と最大尤度を求める．それは行ごとに行えばよい．セル $A_i B_j$ での観測度数 n_{ij} $(j = 1, \ldots, b)$ が得られたときの尤度は，多項係数の部分を除いて

$$L(\boldsymbol{p}_i) = \prod_{j=1}^{b} p_{ij}^{n_{ij}} \tag{1.19}$$

であるから，対数尤度は

$$\log L(\boldsymbol{p}_i) = \sum_{j=1}^{b} n_{ij} \log p_{ij}$$

となる．これを

$$\sum_{j=1}^{b} p_{ij} = 1$$

の制約下で最大にする p_i を求めればよい．ラグランジュの未定乗数法により

$$F = \sum_{j=1}^{b} n_{ij} \log p_{ij} - \lambda \left(\sum_{j=1}^{b} p_{ij} - 1 \right)$$

を $\boldsymbol{p}_i$ の要素で偏微分して 0 とおいた方程式を解けば，$\lambda = n_{i+}$ となり

$$\hat{p}_{ij} = \frac{n_{ij}}{n_{i+}}$$

となる．これを (1.19) 式に代入し，すべての行について積をとった

$$L(\hat{\boldsymbol{p}}_1, \hat{\boldsymbol{p}}_2, \ldots, \hat{\boldsymbol{p}}_a) = \prod_{i=1}^{a} \prod_{j=1}^{b} \left(\frac{n_{ij}}{n_{i+}} \right)^{n_{ij}} \tag{1.20}$$

が対立仮説での最大尤度になる．

　次に，帰無仮説のもとでの最尤推定値と最大尤度を求めよう．表記の便宜の

ため，$p_1 = p_2 = \cdots = p_a$ のときの共通のパラメータベクトルを

$$p_0 = (p_{01}, p_{02}, \ldots, p_{0b})$$

と記す．このとき尤度は，多項係数の部分を除いて

$$L(p_0) = \prod_{i=1}^{a} \prod_{j=1}^{b} p_{0j}^{n_{ij}} = \prod_{j=1}^{b} p_{0j}^{n_{+j}} \tag{1.21}$$

となる．これを

$$\sum_{j=1}^{b} p_{0j} = 1$$

の制約下で最大にする p_0 を求めればよい．上と同様に，ラグランジュの未定乗数法を用いれば

$$\tilde{p}_{0j} = \frac{n_{+j}}{n}$$

とただちに求められる．これを (1.21) 式に代入すれば

$$L(\tilde{p}_0) = \prod_{i=1}^{a} \prod_{j=1}^{b} \left(\frac{n_{+j}}{n} \right)^{n_{ij}} \tag{1.22}$$

となる．

(1.20) 式と (1.22) 式より，尤度比 Λ は

$$\Lambda = \prod_{i=1}^{a} \prod_{j=1}^{b} \left(\frac{n_{ij}n}{n_{i+}n_{+j}} \right)^{n_{ij}}$$

となり，1.3.2 項での (1.17) 式に完全に一致する．また，対立仮説でのパラメータ数は $a(b-1)$ で，帰無仮説でのそれは $(b-1)$ であるから，その差

$$a(b-1) - (b-1) = (a-1)(b-1)$$

となり，ここでの自由度も 1.3.2 項での自由度と一致する．すなわち，総度数のみが与えられる場合と行和が与えられる場合で，尤度比検定統計量は同一であることがわかる．行と列を入れ替えれば，列和が与えられる場合にも同じ統計量が得られることになる．さらに，証明は省略するが，「行和と列和が与えられる場合」や「各セルの度数がポアソン分布に従う場合」について尤度比検定を適用すると，やはり同じ統計量が導かれる．

1.4 正 確 検 定

1.4.1 フィッシャーの正確検定

前節までに述べた χ^2 適合度検定および尤度比検定は，いずれも大標本にもとづく方法であった．サンプルサイズ n が大きくなれば，いずれの検定統計量も漸近分布である χ^2 分布に近づく．しかし，サンプルサイズが小さいときには，漸近分布論にもとづく近似を使わず，正確な分布にもとづく推測を行うのが望ましい．

二元分割表における正確検定は，2×2 表に対する検定として，R. A. フィッシャーにより 1934 年に提唱されたのが最初であるため，「フィッシャーの正確検定」と呼ばれる．フィッシャーは，1935 年の著書 (*The Design of Experiments*) の中で，表 1.9 にまとめられる実験計画の例を通して正確検定の考え方を説明した．この実験は，フィッシャーの同僚の「紅茶を入れるときに，カップにミルクと紅茶のどちらが先に注がれたかがわかる」という主張を検証するために行われた．実験ではまず，先にミルクを注いだカップ 4 杯と，先に紅茶を注いだカップ 4 杯を用意する．そして同僚は，これら 8 杯をランダムな順序で試飲し，ミルクが先に注がれた 4 杯を選ぶ．この同僚は，ミルクが先に注がれたカップと紅茶が先に注がれたカップが，それぞれ 4 杯ずつであることは知らされているため，実験結果は，表 1.9 のように行和と列和がすべて 4 になる．つまりこの実験は，1.1.4 項でみた，行和と列和の両方が固定された分割表の，2×2 表の例となっている．この同僚の識別能力が皆無であるという仮説を帰無仮説とすれば，4 つのセル頻度 N_{ij} ($i, j = 1, 2$) の同時確率関数は，1.1.4 項で確認した (1.6) 式の多項超幾何分布の $a = b = 2$ の場合であり，これは超幾何分布と呼ば

表 1.9 フィッシャーの紅茶実験

先に注いだもの	先に注いだものの推測結果		合計
	ミルク	紅茶	
ミルク	3	1	4
紅茶	1	3	4
合計	4	4	8

1.4 正 確 検 定 23

表 1.10 表 1.9 の周辺和に対する超幾何分布の確率

n_{11}	超幾何分布の確率
0	$1/70 = 0.014$
1	$16/70 = 0.229$
2	$36/70 = 0.514$
3	$16/70 = 0.229$
4	$1/70 = 0.014$
合計	1

れる．行和 n_{1+}, n_{2+} と列和 n_{+1}, n_{+2} がいずれも固定されたとき，$N_{ij}\ (i, j = 1, 2)$ はいずれか 1 つの値を決めれば残りも決まるから，N_{11} の一変数関数として書けば，帰無分布は

$$P(N_{11} = n_{11}) = \frac{\binom{n_{1+}}{n_{11}}\binom{n_{2+}}{n_{+1} - n_{11}}}{\binom{n}{n_{+1}}} \tag{1.23}$$

となる．表 1.9 の実験結果に対する帰無仮説のもとでの確率の値は，

$$P(N_{11} = 3) = \frac{\binom{4}{3}\binom{4}{1}}{\binom{8}{4}} = \frac{16}{70} = 0.229$$

となる．考えうる実験の結果は表 1.9 の他にも 4 通りがあり，それぞれについて n_{11} の値と帰無仮説のもとでの確率をまとめると表 1.10 となる．

表 1.10 をもとに，「識別能力がない」という帰無仮説の検定を考えよう．この同僚は，識別能力があると主張しているのであるから，対立仮説は「識別能力がある」となる．表 1.10 の可能な 5 通りの実験結果のうち，最も対立仮説を支持する結果であるのは $n_{11} = 4$ の場合であり，実験結果の $n_{11} = 3$ は，それに次ぐ結果である．したがって，通常の仮説検定の考え方に従い，有意確率 (p 値) を，「観測結果と同等以上に極端な結果」と定義すれば，表 1.9 の p 値は

$$P(N_{11} \geq 3) = 0.229 + 0.014 = 0.243$$

となる．つまり，有意水準を 5% とするなら，帰無仮説は棄却できず，実験結果は同僚の主張を裏付ける結果とはいえない．もしも実験結果が $n_{11} = 4$，つまり「全部的中」であったのなら，p 値は 0.014 となるので，有意水準 5% で有意となり，識別能力があると主張することができたことになる．

この例のように，観測された 2×2 分割表 n_{ij} $(i, j = 1, 2)$ について，超幾何分布 (1.23) 式の確率として p 値を

$$
p\,値 = \sum_{x \geq n_{11}} \frac{\begin{pmatrix} n_{1+} \\ x \end{pmatrix} \begin{pmatrix} n_{2+} \\ n_{+1} - x \end{pmatrix}}{\begin{pmatrix} n \\ n_{+1} \end{pmatrix}}
\tag{1.24}
$$

と定義する検定手法が，フィッシャーの正確検定である．

フィッシャーの正確検定で考えられている帰無仮説と対立仮説について考えよう．N_{ij} $(i, j = 1, 2)$ が多項分布 (4 項分布) に従うとき，N_{i+}, N_{+j} $(i, j = 1, 2)$ を固定した条件付き分布は

$$
P(N_{11} = n_{11} \mid n, n_{1+}, n_{+1}) = C(\psi) \begin{pmatrix} n_{1+} \\ n_{11} \end{pmatrix} \begin{pmatrix} n - n_{1+} \\ n_{+1} - n_{11} \end{pmatrix} \psi^{n_{11}}
$$

と表される．ここで

$$
\psi = \frac{p_{11} p_{22}}{p_{12} p_{21}}
\tag{1.25}
$$

はオッズ比と呼ばれ，基準化定数 $C(\psi)$ は

$$
C(\psi) = \left(\sum_{y = \max(0, n_{1+} + n_{+1} - n)}^{\min(n_{1+}, n_{+1})} \begin{pmatrix} n_{1+} \\ y \end{pmatrix} \begin{pmatrix} n - n_{1+} \\ n_{+1} - y \end{pmatrix} \psi^{y} \right)^{-1}
$$

で定義される．この条件付き分布で $\psi = 1$ とおいたものが，(1.23) 式の超幾何分布となる．つまり，フィッシャーの正確検定で考えている帰無仮説と対立仮説は，オッズ比を用いれば

$$
\begin{aligned}
\mathrm{H}_0: & \quad \psi = 1 \\
\mathrm{H}_1: & \quad \psi > 1
\end{aligned}
\tag{1.26}
$$

となる．

1.4.2 2×2 分割表の正確検定

フィッシャーは正確検定の考え方を説明するのに，行和と列和の両方が固定された 2×2 分割表を考えた．この場合は確かに，超幾何分布は自然な帰無分布であり，フィッシャーの正確検定の p 値は，超幾何分布の確率にもとづき定義どおりに計算された片側検定の p 値ということができる．一方で分割表データは，1.1 節でみたように，行和と列和の一方のみが固定される場合や，総度数のみが固定される場合，総度数も固定されない場合など，様々なものが考えられ，それぞれにおいて検証したい自然なモデルが考えられた．そのような，必ずしも行和と列和の両方が固定されない 2×2 分割表に対しても，(1.24) 式により p 値を定義することは可能である．本節では，一般の 2×2 分割表に対してフィッシャーの正確検定がどのような意味をもつのかを考えよう．

準備のため，(1.25) 式で定義したオッズ比 ψ の対数を

$$\phi = \log \psi$$

と定義する．これを対数オッズ比という．フィッシャーの正確検定で考えている仮説 (1.26) 式は，対数オッズ比 ϕ について

$$\begin{aligned} \mathrm{H}_0 : \quad & \phi = 0 \\ \mathrm{H}_1 : \quad & \phi > 0 \end{aligned} \tag{1.27}$$

と書き直すことができる．まず，1.1 節でみた様々な 2×2 分割表に対する自然な仮説 (統計モデル) が，(1.27) 式の形で統一的に扱えることを確認する．

例 1.9 独立な 2 項分布

2×2 分割表のセル頻度 N_{ij} $(i, j = 1, 2)$ が，行ごとに独立な 2 項分布 $Bin(n_{i+}, p_i)$ $(i = 1, 2)$ に従う場合を考える．1.1 節で考えた母比率の一様性の仮説

$$\mathrm{H}_0 : \quad p_1 = p_2$$

は，行ごとにオッズが等しい，つまり

$$\frac{p_1}{1 - p_1} = \frac{p_2}{1 - p_2}$$

が成立することと同値である．そこで，やや天下り的であるが，2 次元の

母数 (p_1, p_2) に対して母数変換

$$\lambda = \log \frac{p_2}{1 - p_2}, \quad \phi = \log \frac{p_1(1 - p_2)}{p_2(1 - p_1)}$$

を定義する．この変換は 1 対 1 変換である．母比率の一様性の仮説は，新しい母数に関して $\phi = 0$ と書くことができ，$\phi > 0$ は $p_1 > p_2$ に対応するから，確かに，母比率の一様性の仮説の片側検定は (1.27) 式の形で書ける．この場合の母数 ϕ は，独立な 2 つの 2 項分布の母数を 2×2 表の形に合わせて $p_i = p_{i1}, 1 - p_i = p_{i2} \ (i = 1, 2)$ と書き直したときの対数オッズ比となっている．

例 1.10 多項分布

2×2 分割表のセル頻度 $N_{ij} \ (i, j = 1, 2)$ が，全体が 1 つの多項分布 (4 項分布) に従う場合を考える．この場合も，多項分布の母数 $(p_{11}, p_{12}, p_{21}, p_{22})$ について，1 対 1 の母数変換

$$\lambda_1 = \log \frac{p_{11}}{p_{22}}, \quad \lambda_2 = \log \frac{p_{21}}{p_{22}}, \quad \phi = \log \frac{p_{11} p_{22}}{p_{12} p_{21}}$$

を考えれば，1.1 節で考えた行と列の独立性の仮説は (1.27) 式の形で書くことができる．

例 1.11 ポアソン分布

1.1.4 項で考えた総度数も与えられない場合では，ポアソン分布の期待母数 $\mu_{ij} \ (i, j = 1, 2)$ に対して，交互作用がないというモデル

$$\log \mu_{ij} = \alpha_i + \beta_j$$

が自然なモデルであった．この場合は，4 次元の母数 $(\mu_{11}, \mu_{12}, \mu_{21}, \mu_{22})$ について，1 対 1 の母数変換

$$\lambda_0 = \log \mu_{22}, \quad \lambda_1 = \log \frac{\mu_{12}}{\mu_{22}}, \quad \lambda_2 = \log \frac{\mu_{21}}{\mu_{22}}, \quad \phi = \log \frac{\mu_{11} \mu_{22}}{\mu_{12} \mu_{21}}$$

を考える．このとき，交互作用がないという仮説は，やはり母数 ϕ について (1.27) 式の形で書くことができる．

以上でみたように，2×2分割表の様々な設定に対する自然なモデルは，すべて，対数オッズ比 ϕ を導入することで統一的に仮説 (1.27) 式の形で書けることがわかった．それぞれの設定において，変換された母数のうち ϕ 以外，つまり，独立な 2 項分布の場合の λ，多項分布の場合の λ_1, λ_2，ポアソン分布の場合の $\lambda_0, \lambda_1, \lambda_2$ は，検定において興味がない母数 (局外母数) である．局外母数が存在する場合に，局外母数によらない検定 (相似検定) を構成するための有効な手法は，局外母数に対する十分統計量を固定した条件付き分布にもとづき条件付き p 値を考えるものである．2×2 分割表の場合は，いずれの設定においても，局外母数に関する十分統計量は行和と列和になる．したがって，フィッシャーの正確検定は，一般の 2×2 分割表に対しては，相似検定の p 値を求める手法である，とまとめることができる．

1.4.3 　一般の二元分割表の正確検定

フィッシャーの正確検定の，一般の二元分割表への拡張は，フリーマンとハルトンによって最初に与えられた (Freeman and Halton, 1951)．この検定は，フリーマン・ハルトン検定，あるいは一般化フィッシャー正確検定と呼ばれる．一般の二元分割表では，考える検定は χ^2 適合度検定や尤度比検定と同様，両側検定となるので，まず，2×2 分割表に対する両側仮説

$$H_0 : \quad \psi = 1$$
$$H_1 : \quad \psi \neq 1$$

のフィッシャーの正確検定の p 値が，(1.24) 式で与えられる p 値の 2 倍になることに注意する．これは，超幾何分布の対称性から従う．たとえば表 1.9 の例であれば，表 1.10 の確率から，$n_{11} = 0$ が観測されたときの p 値は

$$p \,値 = P(N_{11} = 0) + P(N_{11} = 4) = 0.014 \times 2 = 0.028$$

であり，$n_{11} = 1$ が観測されたときの p 値は

$$p \,値 = P(N_{11} \leq 1) + P(N_{11} \geq 3) = (0.229 + 0.014) \times 2 = 0.486$$

となる．ここでさらに，これらの両側検定の p 値が，超幾何分布の単峰性より

$$p \,値 = \sum_{\{x:\ p(x) \leq p(n_{11})\}} p(x)$$

と書けることに注目する．ただし $p(x)$ は，(1.23) 式で定義された超幾何分布の確率関数 $p(x) = P(N_{11} = x)$ とする．このように考えれば，両側検定の p 値は，「帰無分布の確率関数 $p(x)$ を，実際に観測された観測値の生起確率以下となる領域について足し合わせたもの」と一般的に定義することができる．フリーマン・ハルトン検定は，この考え方にもとづく手法である．

1.2 節，1.3 節でみたように，$a \times b$ 分割表に対する帰無分布は，行和，列和を固定すればサンプリング方法によらない形となり，

$$p(\boldsymbol{n}) = P(N_{ij} = n_{ij}) = \frac{\left(\prod_{i=1}^{a} n_{i+}!\right)\left(\prod_{j=1}^{b} n_{+j}!\right)}{n!} \prod_{i=1}^{a} \prod_{j=1}^{b} \frac{1}{n_{ij}!}$$

と書ける．これは，多項超幾何分布と呼ばれる．この分布の台は，行和，列和が観測値 $\boldsymbol{n} = \{n_{ij}\}$ と等しい分割表の集合であり，これを

$$\mathcal{F}(\boldsymbol{n}) = \{\boldsymbol{x} = \{x_{ij}\} : x_{i+} = n_{i+}, x_{+j} = n_{+j}, i = 1,\ldots,a, j = 1,\ldots,b\}$$

と書く．観測値 $\boldsymbol{n}^o$ に対するフリーマン・ハルトン検定の p 値は

$$p \text{ 値} = \sum_{\{\boldsymbol{n} \in \mathcal{F}(\boldsymbol{n}^o) : p(\boldsymbol{n}) \le p(\boldsymbol{n}^o)\}} p(\boldsymbol{n}) \tag{1.28}$$

となる．

例 1.12 表 1.5 に対するフリーマン・ハルトン検定

表 1.5 の，2 因子実験でのキズの数のデータについて，フリーマン・ハルトン検定を行う．表 1.5 の行和，列和に対する多項超幾何分布の確率関数は

$$p(\boldsymbol{n}) = \frac{(11! \cdot 9! \cdot 11!)(3! \cdot 15! \cdot 13!)}{31!} \prod_{i=1}^{3} \prod_{j=1}^{3} \frac{1}{n_{ij}!} = 3435451945 \prod_{i=1}^{3} \prod_{j=1}^{3} \frac{1}{n_{ij}!}$$

であり，表 1.5 の観測値を $\boldsymbol{n}^o$ の生起確率は $p(\boldsymbol{n}^o) = 0.004565579$ である．一方，行和，列和が表 1.5 と等しい分割表の集合

$$\mathcal{F}(\boldsymbol{n}^o) = \left\{ \begin{array}{ccc|c} n_{11} & n_{12} & n_{13} & 11 \\ n_{21} & n_{22} & n_{23} & 9 \\ n_{31} & n_{32} & n_{33} & 11 \\ \hline 3 & 15 & 13 & 31 \end{array} \right\}$$

$$
= \left\{
\begin{vmatrix} 3 & 8 & 0 \\ 0 & 7 & 2 \\ 0 & 0 & 11 \end{vmatrix},
\begin{vmatrix} 3 & 8 & 0 \\ 0 & 6 & 0 \\ 0 & 1 & 10 \end{vmatrix},
\cdots,
\begin{vmatrix} 0 & 0 & 11 \\ 0 & 7 & 2 \\ 3 & 8 & 0 \end{vmatrix}
\right\}
$$

の元は全部で 765 個あり，そのうち多項超幾何分布の確率が $p(\boldsymbol{n}^o)$ 以下となるものは 701 個ある．それらの確率を足し合わせると，フリーマン・ハルトン検定の p 値 $= 0.3959174$ が得られる．

　フリーマン・ハルトン検定は，与えられた分割表 $\boldsymbol{n}^o$ に対してそれと行和，列和が等しいすべての分割表の集合 $\mathcal{F}(\boldsymbol{n}^o)$ を列挙しなくてはならないため，サンプルサイズが大きい場合には計算量の問題が無視できない．効率的にフリーマン・ハルトン検定の p 値を計算する代表的なアルゴリズムは，ネットワークアルゴリズム (Mehta and Patel, 1983) であり，多くの統計計算ソフトウェアで実装されている．

　分割表に対する正確検定は，前述した相似検定の枠組みで条件付き検定を考えることにより，より一般的に定式化することができる．まず，(1.28) 式のフリーマン・ハルトン検定の p 値を，検定関数

$$
g(\boldsymbol{n}) = \begin{cases} 1, & p(\boldsymbol{n}) \leq p(\boldsymbol{n}^o) \\ 0, & \text{otherwise} \end{cases}
$$

を導入することにより

$$
p \,値 = \sum_{\boldsymbol{n} \in \mathcal{F}(\boldsymbol{n}^o)} g(\boldsymbol{n}) p(\boldsymbol{n}) \tag{1.29}
$$

と表すことができることに注意する．つまり，フリーマン・ハルトン検定は，確率関数の値を検定統計量とする検定方式に他ならない．したがって，任意の検定統計量 $T(\cdot)$ について，

$$
T(\boldsymbol{n}) \geq c \implies \text{H}_0 \text{ を棄却}
$$

という検定方式を考えると，その正確な条件付き p 値は検定関数

$$
g(\boldsymbol{n}) = \begin{cases} 1, & T(\boldsymbol{n}) \geq T(\boldsymbol{n}^o) \\ 0, & \text{otherwise} \end{cases}
$$

に対して (1.29) 式より定義できる．

例 1.13 表 1.5 に対する χ^2 適合度検定 (正確検定)

再び，表 1.5 について，今度は χ^2 適合度検定の正確な条件付き p 値を計算する．観測値に対する χ^2 適合度検定統計量の値は，例 1.7 で計算したように

$$T(\boldsymbol{n}^o) = \chi^2(\boldsymbol{n}^o) = 4.624709$$

である．例 1.12 で確認した $\mathcal{F}(\boldsymbol{n}^o)$ の 765 個の元のそれぞれについて，χ^2 適合度検定統計量の値を計算すると，その値が $\chi^2(\boldsymbol{n}^o)$ 以上となるものは 687 個ある．それらについて，超幾何分布の確率を足し合わせると，χ^2 適合度検定の正確な条件付き p 値は 0.3342821 となる．

比較のため，上の例について，検定統計量の漸近分布である自由度 4 の χ^2 分布に対する $\chi^2(\boldsymbol{n}^o) = 4.624709$ の上側確率を求めると，0.328 となる．

1.5　予 見 と 回 顧

1.5.1　統計的因果推論

統計的分析の対象は個体のある集団である．個体の測定で得られる量において「その値がなぜ個体間で変動するのかを知りたい」という意味で科学的興味のあるものを**反応変数**あるいは単に**反応**という．基準変数とか目的変数などと呼ぶこともある．

個体に対して人為によって与えられた条件を**処理変数**あるいは単に**処理**という．実験研究では，実験者が意図的に個体に処理変数を割り付ける．一方，観察研究では，受動的立場にある研究者が直接処理変数を割り付けることはなく，割り付けられた結果を観測する．このとき，処理変数の本質は，すべての個体に対して，観測されたものと異なる条件あるいは値をとることが潜在的に可能であったと考えられる点にある．すなわち，反事実的 (counterfactual) な仮定が可能な変数である．人為の主体は，個体以外の第三者の場合もあるし，個体自身の場合もある．臨床医による薬剤投与は前者であり，肺がんなどの危険因子である喫煙習慣は後者とみなせる．疫学・医学の分野では，臨床試験等で無作為に割り付けることができる処理変数を**治療**，飲酒や喫煙などの研究者がコン

1.5 予見と回顧 31

トロールできない処理変数 (とくにリスク要因) を**曝露**と呼び区別している.

　統計的因果推論の主目的は，処理変数が反応変数に及ぼす因果的効果を定量的に評価し，それを利用することといえる．処理変数は，異なる条件や値をとることが可能な変数であるから，適切な条件や値を選定することに意味があり，実際にそれを個体へ割り付けることに意義がある．

　個体へ処理変数を施す前に個体が有している属性を**共変量**という．背景因子，付随変数などとも呼ばれる．年齢や性別がそれである．反応変数と違って，その変動の理由について関心のないものであるが，反応変数に影響する可能性がある．しかし，処理変数と違って，個体に固有のものだから，異なる値をとっていた反事実的状況を想定することに積極的意味がなく，反応変数への影響を利用することも難しい．

　処理変数を割り付けた後に観測される量で，反応変数に影響を与える可能性のあるものを**中間特性**あるいは**補助特性**と呼んでいる.

1.5.2　予見研究

　ある時点で，個体の集団に対して処理変数と考えられる変数を測定し，その集団を一定期間追跡して，その後に発生する事象を観測する研究を**予見研究**という．前向き研究，コホート研究とも呼ばれる．時間の流れと因果関係を調べる順序が一致していて，実験に近い研究デザインである．ただし，処理変数であってもその割り付けが研究者によって行われていないという点，また，処理変数以外の要因についてのコントロールが行われていないという点が実験との大きな相違点となる．

　予見研究では処理を行に，反応を列にとった二元分割表に観測結果をまとめることが度々行われる．表 1.11 に薬効比較の予見研究の例を示す．

　全部で 250 人の患者に対して，無作為に選んだ 50 名を検査薬に，200 名を標

表 1.11　薬効比較の予見研究

	無効	有効	計
検査薬	33	17	50
標準薬	116	84	200

準薬に割り付けていれば実験研究だが，そのような無作為化が行われず，検査薬を割り付けられた患者から 50 名，標準薬を割り付けられた患者から 200 名を (理想としては無作為に) サンプリングしているのが予見研究である．予見研究では，行和が与えられた二元分割表にまとめられる．表 1.11 のような 2 値反応では，各処理条件の反応発生割合を推定できる．

予見研究では集団を前向きに追跡しているので，ある要因について複数の反応変数を調べることができる．また，主たる興味の反応に至るまでの中間特性を繰り返し測定できるなどの特徴がある．ただし，反応によっては，大規模な集団の長期間の観察が必要になる．

1.5.3 回 顧 研 究

これに対して，ある時点で個体の集団に対して反応と考えられる変数を観測し，それから各個体の歴史を過去に遡って，その反応を説明できる処理変数について測定する研究を回顧研究という．後ろ向き研究，ケース・コントロール研究とも呼ばれる．ケース・コントロール研究と呼ばれるのは，2 値反応の場合に反応ありの集団をケースグループとしたならば，その比較対象として反応なしの集団をコントロールグループとして設定し，各グループからサンプリングした標本について研究するからである．薬害や集団食中毒，市場クレームなど，望ましくない反応の原因を究明するときには，有用な研究方法である．

回顧研究での集団は反応 (結果) をもとに形成されているので，処理条件ごとの反応発生割合を推定することはできない．たとえば，ある時点，ある地域で発生した食中毒患者から 50 名をサンプリングし，健常者から 200 名をサンプリングし，それぞれの標本で食品 A を摂取したかどうかを調べ，その結果を表 1.12 のようにまとめたとしよう．

表 1.12　食中毒の原因究明における回顧研究

	食中毒者	健常者
食品 A 摂取	41	58
非摂取	9	142
計	50	200

食品 A の摂取者は合計 $41 + 58 = 99$ 名である．これより食品 A の摂取集団での食中毒発生割合を $41/99 = 0.414$ と推定するのは誤りである．この割合は食中毒者と健常者の標本数に依存するからである．たとえば，健常者を 10 倍の 2000 名調査したときのデータを想定してみるとよい．健常者からのサンプリングが無作為抽出であれば，健常者中の食品摂取者は表 1.7 での値の 10 倍である 580 名に近い数になり，上記の割合とまったく異なる値を得ることになる．

2

二元分割表に対するコレスポンデンス分析

　二元分割表解析で，行と列の関連が検定によって有意に判定されたとき，具体的にどのような関連があるかを理解する必要がある．最も小さい 2×2 分割表であれば，度数が対角成分に多いか非対角成分に多いかで関連状況を記述できる．一方，行数 a と列数 b がある程度大きいと，その関連パターンを把握することは必ずしも容易でない．そこで，行と列に数量を与えて，その値から行と列の並べ替えや群分けを行うことで，関連パターンを理解する方法がある．この方法をコレスポンデンス分析という．この方法も歴史が古く，その名も最適尺度法，交互平均法，双対尺度法，数量化 III 類と多様である．

2.1　相関比最大化による定式化

2.1.1　相関比とは

まず準備として，a 個の正規母集団の平均を比較する問題を考えよう．

　データはいわゆる繰り返し数の異なる一元配置データで表 2.1 のようにまとめられる．

　総平均を

表 2.1　繰り返し数の異なる一元配置データ

A_1	$x_{11}, x_{12}, \ldots, x_{1n_1}$
A_2	$x_{21}, x_{22}, \ldots, x_{2n_2}$
$\vdots$	$\vdots$
A_a	$x_{a1}, x_{a2}, \ldots, x_{an_a}$

$$\bar{x} = \frac{\sum\limits_{i=1}^{a} \sum\limits_{j=1}^{n_i} x_{ij}}{\sum\limits_{i=1}^{a} n_i}$$

として，行平均を

$$\bar{x}_i = \frac{\sum\limits_{j=1}^{n_i} x_{ij}}{n_i}$$

とすれば，総平方和

$$S_T = \sum_{i=1}^{a} \sum_{j=1}^{n_i} (x_{ij} - \bar{x})^2$$

は

$$S_T = \sum_{i=1}^{a} n_i (\bar{x}_i - \bar{x})^2 + \sum_{i=1}^{a} \sum_{j=1}^{n_i} (x_{ij} - \bar{x}_i)^2 \tag{2.1}$$

と分解される．(2.1) 式右辺第 1 項は処理間平方和と呼ばれる．処理間平方和と
総平方和との比

$$\eta^2 = \frac{\sum\limits_{i=1}^{a} n_i (\bar{x}_i - \bar{x})^2}{S_T} \tag{2.2}$$

を相関比という．相関比は，a 個の分布の分離度を表している．より一般には，
相関比は量的変数と質的変数の相関を示す尺度である．総平方和と処理間平方
和を電卓で計算するときは，修正項と呼ばれる

$$CT = \frac{\left(\sum\limits_{i=1}^{a} \sum\limits_{j=1}^{n_i} x_{ij}\right)^2}{\sum\limits_{i=1}^{a} n_i} \tag{2.3}$$

を計算しておいて，総平方和は

$$S_T = \sum_{i=1}^{a} \sum_{j=1}^{n_i} x_{ij}^2 - CT \tag{2.4}$$

で求め，処理間平方和は

$$S_R = \sum_{i=1}^{a} \frac{\left(\sum\limits_{j=1}^{n_i} x_{ij}\right)^2}{n_i} - CT \tag{2.5}$$

で求めるのが楽である．一見時代遅れなこれらの式は，実はコレスポンデンス
分析の定式化で役立つ．

2.1.2 列に与える数量

$a \times b$ の二元分割表において，b 個の列 $B_1, B_2, \ldots, B_b$ に，それぞれ数量 $x_1, x_2, \ldots, x_b$ を与えよう．これによって，列 B_j にある個体は，行の位置によらず，数量 x_j に反応したと考えるのである．簡単な例を表 2.2 に与えよう．左側がもとの 2×3 の分割表である．列に数量 x_1, x_2, x_3 を与えることで，行を処理とみなせば，右側のように各処理でいくつかの量的データが得られる形式になる．

表 2.2 列の数量と個体の反応の関係

	B_1	B_2	B_3
A_1	2	0	1
A_2	0	3	1

$\longrightarrow$

	量的反応
A_1	x_1, x_1, x_3
A_2	x_2, x_2, x_2, x_3

さて，問題は，どのような数量 $x_1, x_2, \ldots, x_b$ を与えるかである．1 つの考え方として，表 2.2 の右側のような行で分類された量的データを，繰り返し数の異なる一元配置データとみなして，相関比を求め，それが最大になるように数量を与えるというものがある．つまり，行間の違いを浮き彫りにするには，行間で x の分布がもっとも分離するようにすればよいという考え方である．

2.1.3 定　式　化

$a \times b$ の二元分割表を行列

$$N = (n_{ij})$$

で表す．行和を要素にする a 次元ベクトルを

$$\boldsymbol{r} = (n_{1+}, n_{2+}, \ldots, n_{a+})^T$$

とし，列和を要素にする b 次元ベクトルを

$$\boldsymbol{c} = (n_{+1}, n_{+2}, \ldots, n_{+b})^T$$

とする．上付き添え字の T は転置を意味する．さらに，行和を対角要素にする a 次の対角行列を

2.1 相関比最大化による定式化 37

$$R = \begin{pmatrix} n_{1+} & & & \\ & n_{2+} & & \\ & & \ddots & \\ & & & n_{a+} \end{pmatrix}$$

とし，列和を対角要素にする b 次の対角行列を

$$C = \begin{pmatrix} n_{+1} & & & \\ & n_{+2} & & \\ & & \ddots & \\ & & & n_{+b} \end{pmatrix}$$

とする．列に与える数量 $x_1, x_2, \ldots, x_b$ を要素にする b 次元ベクトルを

$$\boldsymbol{x} = (x_1, x_2, \ldots, x_b)^T$$

とする．ところで，相関比は数量の線形変換について不変である．すなわち，与えた数量に一定値を乗じても足しても相関比の値は変わらない．そこで，なるべく扱いやすいように数量を基準化しよう．

まず，与えた数量の総和は 0 とする．数量 x_j を与えられる個体数は n_{+j} であるから，この条件は

$$\boldsymbol{c}^T \boldsymbol{x} = 0 \tag{2.6}$$

と書ける．このとき，総平方和は，(2.4) 式の修正項が 0 になることより

$$S_T = \boldsymbol{x}^T C \boldsymbol{x} \tag{2.7}$$

という 2 次形式で表現できる．この値を固定すれば，(2.6) 式と併せて，位置と尺度に対する基準化がなされる．以下の展開の都合上

$$\boldsymbol{x}^T C \boldsymbol{x} = n \tag{2.8}$$

とするのが便利である (n は総度数)．次に，相関比の分子である処理間平方和 (行間平方和) S_R は，総和が 0 であることに注意すれば，(2.5) 式より

$$S_R = \boldsymbol{x}^T N^T R^{-1} N \boldsymbol{x} \tag{2.9}$$

と書けることがわかる.

これより，相関比最大化問題は，$S_T = n$ の制約下で，S_R を最大化することに帰着する．そこで，ラグランジュの未定乗数法により

$$F = x^T N^T R^{-1} N x - \lambda(x^T C x - n)$$

を x の各要素で偏微分した結果を 0 とおくと

$$N^T R^{-1} N x = \lambda C x \tag{2.10}$$

という一般化固有方程式が導かれる．ここで

$$w = C^{1/2} x \tag{2.11}$$

という線形変換を施し，$x = C^{-1/2} w$ を (2.10) 式に代入すれば

$$C^{-1/2} N^T R^{-1} N C^{-1/2} w = \lambda w \tag{2.12}$$

という通常の固有方程式に帰着できる．(2.12) 式を解いて，$x = C^{-1/2} w$ で変換すれば，目的とする列の数量が求められる.

ところで，(2.10) 式の両辺に左から x^T をかけると

$$x^T N^T R^{-1} N x = \lambda x^T C x$$

となる．よって固有値 λ は相関比 $\eta^2 = S_R/S_T$ になっている.

ここで次の点に注意する．いま，形式的に $x = \mathbf{1}_b = (1, \ldots, 1)^T$ とおけば，(2.8) 式を満たす．また，これを (2.10) 式の左辺に代入すると

$$N^T R^{-1} N \mathbf{1}_b = N^T R^{-1} r = N^T \mathbf{1}_a = c = C \mathbf{1}_b$$

となるので，$\mathbf{1}_b$ は (2.10) 式の解になっていることがわかる．このときの固有値は 1 である．よって (2.12) 式の固有方程式においても，固有値 1 に対応する固有ベクトル $C^{1/2} \mathbf{1}_b$ は意味のない解である．固有値 λ は相関比で 1 以下であるから，1 は最大固有値である．したがって，これを除いて，第 2 固有値，第 2 固有ベクトルから求めればよい.

また，$C^{1/2} \mathbf{1}_b$ が (2.12) 式の解であるということは，それ以外の固有ベクトル w が $C^{1/2} \mathbf{1}_b$ と直交すること，すなわち

$$\mathbf{1}_b^T C^{1/2} \boldsymbol{w} = 0$$

を意味する. よって, (2.10) 式で $\mathbf{1}_b$ 以外の固有ベクトル $\boldsymbol{x}$ は

$$\mathbf{1}_b^T C^{1/2} C^{1/2} \boldsymbol{x} = \mathbf{1}_b^T C \boldsymbol{x} = \boldsymbol{c}^T \boldsymbol{x} = 0$$

となることから, 総和が 0 の制約 (2.6) 式を満たしている.

2.1.4 行に与える数量

列に数量を与えることで, 個体を介して行にも数量が与えられている. すなわち, $N\boldsymbol{x}$ の要素が各行に与えられる数量である. 実際, $S_R = \boldsymbol{x}^T N^T R^{-1} N \boldsymbol{x}$ は各行に与えられた数量の平方和に他ならない. 行に与える数量ベクトルを

$$\boldsymbol{y} = (y_1, y_2, \ldots, y_a)^T$$

としよう. これについても, 尺度に関する基準化

$$\boldsymbol{y}^T R \boldsymbol{y} = n$$

を満足するようにする. そのためには

$$\boldsymbol{y} = \frac{R^{-1} N \boldsymbol{x}}{\sqrt{\lambda}} \tag{2.13}$$

とすれば, (2.10) 式より

$$\boldsymbol{y}^T R \boldsymbol{y} = \frac{\boldsymbol{x}^T N^T R^{-1} R R^{-1} N \boldsymbol{x}}{\lambda} = \frac{\boldsymbol{x}^T N^T R^{-1} N \boldsymbol{x}}{\lambda} = \boldsymbol{x}^T C \boldsymbol{x} = n$$

となる.

以上の展開では, 最初に列に数量を与え, そこから行にも数量が与えられた. 逆に, はじめに行に数量を与えて列間の相関比を最大化しても, 同じ解が得られる. この意味で, この数量化には「双対性」がある.

2.1.5 数 値 例

第 1 章の例 1.1 で与えた「微積分」と「線形代数」の成績に関する二元分割表に対して, コレスポンデンス分析を適用してみよう.

データ行列は

$$N = \begin{pmatrix} 18 & 7 & 1 & 2 \\ 16 & 13 & 17 & 12 \\ 7 & 3 & 10 & 21 \\ 7 & 2 & 3 & 6 \end{pmatrix}$$

である．行和と列和に関するベクトル，行列は

$$r = (28,\ 58,\ 41,\ 18)^T$$

$$c = (48,\ 25,\ 31,\ 41)^T$$

$$R = \begin{pmatrix} 28 & & & \\ & 58 & & \\ & & 41 & \\ & & & 18 \end{pmatrix}$$

$$C = \begin{pmatrix} 48 & & & \\ & 25 & & \\ & & 31 & \\ & & & 41 \end{pmatrix}$$

である．(2.12) 式の固有方程式の左辺の行列は

$$C^{-1/2}N^T R^{-1}NC^{-1/2} = \begin{pmatrix} 0.4146 & 0.2707 & 0.2127 & 0.2370 \\ 0.2707 & 0.2042 & 0.1841 & 0.1684 \\ 0.2127 & 0.1841 & 0.2567 & 0.2724 \\ 0.2370 & 0.1684 & 0.2724 & 0.3752 \end{pmatrix}$$

なので，固有値は

$$\lambda_1 = 1.000,\ \lambda_2 = 0.200,\ \lambda_3 = 0.050$$

である．第 1 固有値に対応する固有ベクトルは自明解である．第 2 固有値が支配的であるので，大きさ 1 の第 2 固有ベクトルを求めると

$$w = (0.6158,\ 0.3288,\ -0.3318,\ -0.6345)^T$$

となる．これから $x = C^{-1/2}w$ と変換すれば，列 (線形代数) に与える数量は

$$x = (0.08888,\ 0.06575,\ -0.05960,\ -0.09910)^T$$

と，優，良，可，不可に単調な数量が与えられている．w の大きさが 1 なので，$x^T C x = 1$ である．次に (2.13) 式より

$$y = (0.1438,\ 0.0029,\ -0.1012,\ -0.0024)^T$$

となり，可と不可が逆転している．これは (3, 4) 要素が 21 と高い度数を出しているためと理解できる．$y^T R y = 1$ である．x と y をそれぞれ $\sqrt{n}$ 倍すれば，本文での基準化になる．

2.2 相関係数最大化による定式化

2.2.1 相 関 係 数

各個体のそれぞれについて，2 つの変量が観測される場合を考える．個体数を n とし，変量を x と y とする．観測値は (x_i, y_i) $(i = 1, \ldots, n)$ である．このとき，2 つの変量 x と y の相関係数 r_{xy} は

$$r_{xy} = \frac{\sum_{i=1}^{n} (x_i - \bar{x})(y_i - \bar{y})}{\sqrt{\sum_{i=1}^{n} (x_i - \bar{x})^2 \sum_{i=1}^{n} (y_i - \bar{y})^2}} \tag{2.14}$$

で定義される．分子は偏差積和と呼ばれる．分母は x の平方和と y の平方和の積の平方根である．分子の偏差積和 S_{xy} は

$$S_{xy} = \sum_{i=1}^{n} x_i y_i - \frac{\left(\sum_{i=1}^{n} x_i\right)\left(\sum_{i=1}^{n} y_i\right)}{n} \tag{2.15}$$

と計算され，分母の平方和 S_{xx} と S_{yy} はそれぞれ

$$S_{xx} = \sum_{i=1}^{n} x_i^2 - \frac{\left(\sum_{i=1}^{n} x_i\right)^2}{n}$$

$$S_{yy} = \sum_{i=1}^{n} y_i^2 - \frac{\left(\sum_{i=1}^{n} y_i\right)^2}{n}$$

で計算される．前節と同様に，これらの式はコレスポンデンス分析の定式化で役立つ．相関係数もデータの線形変換について不変である．

2.2.2 行と列の並べ替え

列に数量ベクトル x を，行に数量ベクトル y を同時に与えることを考える．すると二元分割表でセル A_iB_j にある n_{ij} 個の個体には 2 つの数量 (y_i, x_j) が与えられる．

いま，4×4 の二元分割表として，表 2.3(a) のものを考える．ここで，行と列にどういう数量を与えるかである．ここでの考え方は，与えた数量の小さい順に行と列を並べ替えたとき，対角要素の付近に大きな度数をもったセルがくるようにしようというものである．

行と列を並べ替えた後の二元表を表 2.3(b) に示す．このように並べ替えるには，行と列に与えた数量の二元表での相関係数が最大になるようにすればよいという基準が生まれる．

表 2.3　二元分割表における行と列の並べ替え

(a)

	B_1	B_2	B_3	B_4
A_1	2	20	15	3
A_2	14	6	8	21
A_3	17	4	6	9
A_4	3	8	18	7

(b)

	B_2	B_3	B_4	B_1
A_1	20	15	3	2
A_4	8	18	7	3
A_2	6	8	21	14
A_3	4	6	9	17

2.2.3 定式化

データ行列を N，列に与える数量ベクトルを x，行に与える数量ベクトルを y とすれば，前節と同様に，与える数量の総和は 0 になるようにする．この条件は

$$c^T x = 0$$

$$r^T y = 0$$

と書ける．この位置に関する基準化をすれば，相関係数の分子である偏差積和は，(2.15) 式の右辺第 2 項が 0 になることから，数量 (y_i, x_j) をもらう個体が n_{ij} 個あることより，$y^T N x$ となる．x の平方和と y の平方和は，前節と同様に，それぞれ $x^T C x$，$y^T R y$ であるから，相関係数は

2.2 相関係数最大化による定式化
43

$$r_{xy} = \frac{\boldsymbol{y}^T N \boldsymbol{x}}{\sqrt{\boldsymbol{x}^T C \boldsymbol{x}\, \boldsymbol{y}^T R \boldsymbol{y}}} \tag{2.16}$$

と表現できる. これを, 尺度に関する基準化

$$\boldsymbol{x}^T C \boldsymbol{x} = n$$

$$\boldsymbol{y}^T R \boldsymbol{y} = n$$

のもとで最大化する. そこで, λ_1 と λ_2 をラグランジュの未定乗数とする

$$F = \boldsymbol{y}^T N \boldsymbol{x} - \frac{\lambda_1}{2}(\boldsymbol{x}^T C \boldsymbol{x} - n) - \frac{\lambda_2}{2}(\boldsymbol{y}^T R \boldsymbol{y} - n)$$

を $\boldsymbol{x}$ と $\boldsymbol{y}$ の要素で偏微分した結果を 0 とおくと

$$N^T \boldsymbol{y} - \lambda_1 C \boldsymbol{x} = 0 \tag{2.17}$$

$$N \boldsymbol{x} - \lambda_2 R \boldsymbol{y} = 0 \tag{2.18}$$

を得る. (2.17) 式と (2.18) 式に左からそれぞれ $\boldsymbol{x}^T$, $\boldsymbol{y}^T$ をかけると

$$\boldsymbol{x}^T N^T \boldsymbol{y} - \lambda_1 \boldsymbol{x}^T C \boldsymbol{x} = 0$$

$$\boldsymbol{y}^T N \boldsymbol{x} - \lambda_2 \boldsymbol{y}^T R \boldsymbol{y} = 0$$

を得る. このとき, $\boldsymbol{x}^T N^T \boldsymbol{y} = \boldsymbol{y}^T N \boldsymbol{x}$ で, $\boldsymbol{x}^T C \boldsymbol{x} = \boldsymbol{y}^T R \boldsymbol{y} = n$ だから, $\lambda_1 = \lambda_2$ となり, この共通の固有値の値は相関係数 r_{xy} であることがわかる. さらに, (2.17) 式, (2.18) 式より

$$N^T \boldsymbol{y} = r_{xy} C \boldsymbol{x} \tag{2.19}$$

$$N \boldsymbol{x} = r_{xy} R \boldsymbol{y} \tag{2.20}$$

で, C と R がいずれも正則であることより, (2.20) 式は

$$\boldsymbol{y} = \frac{1}{r_{xy}} R^{-1} N \boldsymbol{x}$$

となり, これを (2.19) 式に代入することで

$$N^T R^{-1} N \boldsymbol{x} = r_{xy}^2 C \boldsymbol{x}$$

を得る. これは前節で導出した (2.10) 式と同一の一般化固有方程式である. よって, 相関係数を最大にする数量は相関比を最大にする数量と同じであるという結果を得た.

2.3　次数が大きな二元分割表への適用例

2.3.1　研究の背景

　消費者の製品評価の構造を実証的に解明する試みとして，わが国では，秋庭ら (1981) の製品評価因子の抽出と狩野ら (1984) の魅力的品質・当り前品質の二元的認識モデルの提案がある．

　秋庭らの製品評価因子は，消費者の品質向上期待の「観点」として抽出されたもので，結果的に品質表における要求品質展開表の 1 次レベルに相当する因子が得られている．具体的には，カラーテレビ，冷凍冷蔵庫，洗濯機を対象にした質問紙調査 (昭和 52 年 10 月〜11 月) を実施し，品質項目 (要求品質展開の3 次レベルに相当するもので，冷凍冷蔵庫では 53 項目) に対する 5 段階の期待度データを採取し，これを因子分析などにより解析し，上記 3 製品にほぼ共通する次の 8 因子

基本機能，付加機能，保全性，弊害機能

操作性，保守性，設置性，嗜好性

を抽出している．

　一方，狩野らの魅力的品質・当り前品質は，Herzberg の動機付け衛生理論からの類推により，機能充足度に対する消費者の評価の違いにもとづき品質要素を次の 5 つに分類することを提案している．

- 魅力的品質
- 一元的品質
- 当り前品質
- 無関心品質
- 逆品質

また，この二元的認識モデルの妥当性を確かめるために，カラーテレビを対象にした質問紙調査 (昭和 57 年 1 月〜2 月) を実施し，これらの存在を検証している．

　狩野らは "テレビの場合，「映り具合」とか「操作性」などの基本的な機能については「当り前評価」の回答が多く，「リモコン」，「フェザータッチスイッチ」といった付加的な機能については「魅力的評価」の回答が多い" と述べている．

ただし，秋庭らの製品評価因子を引用してはいない．このように，どの品質要素が魅力的品質あるいは当り前品質になるのかについては，部分的な検討がなされているものの，体系的かつ実証的な検討がなされているわけではない．そこで，この研究では，品質要素を製品評価因子というレベルでとらえ，これと魅力的品質・当り前品質との相互関係の一端を明らかにするために，質問紙調査を実施し，解析を試みた．

2.3.2　調査方法

製品はカラーテレビを対象にし，品質項目としては，谷口 (1988) が昭和 62 年に行った調査において，製品評価因子のそれぞれについて因子負荷量の高かった上位 2 項目を取り上げた．それを表 2.4 に示す．製品評価因子は寄与率の高い順に並んでいる．

表 2.4　カラーテレビにおける製品評価因子と品質項目

評価因子	No.	品質項目
保全性	1	感電しない
	2	振動に強い
基本機能	3	画面が鮮明
	4	音質がよい
付加機能	5	時計がついている
	6	電池で使用可
保守性	7	掃除しやすい
	8	ホコリがつきにくい
弊害機能	9	アンテナ線取付容易
	10	外部アンテナ不要
設置性	11	場所をとらない
	12	もち運び容易
操作性	13	リモコン操作可
	14	タイムスイッチ付き
嗜好性	15	デザインがよい
	16	ボディの色がよい

調査用紙は，性別，年齢，職業や現在使用している製品の属性および使用形態を問うフェイスシートの部分と，各品質項目に対して魅力的・当り前の評価判定をしてもらう部分からなる．後者の部分での具体的な問い方は狩野らに準じている．すなわち，たとえば「テレビにリモコンがついている」という品質要素について

- 「もし，あなたのテレビにリモコンがついていたならば，あなたはどう感じますか」
- 「もし，あなたのテレビにリモコンがついていなかったならば，あなたはどう感じますか」

という 2 通りの質問をして，それぞれに対する回答を

1）気に入る
2）当然である
3）何とも感じない
4）しかたない
5）気に入らない
6）その他

から選択させるものである．なお，質問項目の順序は無作為化した．さらに，この回答より，魅力的，一元的，当り前，無関心，逆評価，懐疑的の 6 つの判定項目に分類する方法についても狩野らに準じている．すなわち，

1）魅力的：機能が充足しているときは気に入り，不充足なときは何とも感じない，あるいはしかたない．
2）一元的：機能が充足しているときは気に入り，不充足なときは気に入らない．
3）当り前：機能が充足しているときは当然であり，不充足なときは気に入らない．
4）無関心：機能が充足しているときは何とも感じず，不充足なときはしかたない．

である．調査は昭和 63 年 9 月〜10 月に行った．有効回答数は品質項目によって異なるが，$n = 93$〜97 であった．

各品質項目に対する評価判定の結果を [品質項目] × [判定項目] の 16×6 の二

2.3　次数が大きな二元分割表への適用例　　　47

表 2.5　[品質項目] × [判定項目] の二元分割表

品質項目 No.	魅力	一元	当前	無関	逆	懐疑	計
1	0	16	72	6	1	0	95
2	11	28	40	12	2	3	96
3	1	63	25	2	0	4	95
4	5	70	18	2	0	0	95
5	18	3	4	64	3	3	95
6	26	5	1	61	3	0	96
7	18	48	13	16	0	0	95
8	15	53	17	9	0	2	96
9	13	38	22	21	0	1	95
10	60	8	4	18	6	1	97
11	37	34	5	19	1	0	96
12	27	23	9	34	1	0	94
13	23	22	23	22	0	3	93
14	27	4	4	56	1	3	95
15	20	53	10	10	0	0	93
16	16	48	9	17	1	3	94

元分割表にまとめた．それを表 2.5 に示す．

2.3.3　解 析 結 果

　まず，二元分割表に対し，品質項目間で各判定項目への出現確率に差がある
か否かについて χ^2 適合度検定を行った．その結果

$$\chi^2 = 985.4 > \chi^2(15 \times 5; 0.01) = 106.4$$

となり，高度に有意となった．しかし，この検定だけでは，品質項目と判定項
目との間に存在する系統的な関連性を見出すには不十分である．そこで，この
二元分割表に対してコレスポンデンス分析を行った．

　固有値は，第 1 固有値が自明解の $\lambda_1 = 1$ で，以下

$$\lambda_2 = 0.3768, \quad \lambda_3 = 0.1641, \quad \lambda_4 = 0.0824, \quad \lambda_5 = 0.0151, \quad \lambda_6 = 0.0074$$

となった．第 2 固有値に対する固有ベクトルから定まる列に与えられる数量は

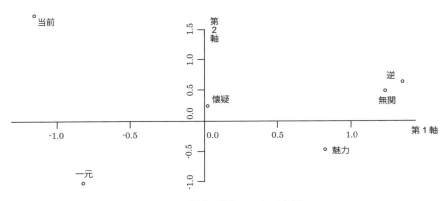

図 2.1 判定項目の 2 次元布置

$$x_2 = (0.0211,\ -0.0210,\ -0.0297,\ 0.0315,\ 0.0344,\ 0.0007)^T$$

である.数量の小さい順に並べると

当り前,一元的,懐疑的,魅力的,無関心,逆評価

となる.これより魅力的,一元的,当り前,無関心という主要 4 項目は,1 次元的には

無関心 — 魅力的 — 一元的 — 当り前

という順序に並べられることがわかった.これは,新しく生まれた品質項目が最初は無関心で次に魅力的になり,続いて一元的になり,最後は当り前になるという推移パターンを示唆するものと思われる.

次に第 3 固有値に対応する固有ベクトルから定まる列の数量は

$$x_3 = (0.0121,\ 0.0261,\ -0.0441,\ -0.0127,\ -0.0163,\ -0.0065)^T$$

となったので,第 2 固有ベクトルから定まる数量を横軸に,第 3 固有ベクトルから定まる数量を縦軸にとった散布図を作成すると,図 2.1 を得る.

図 2.1 での 2 つの軸を解釈すると

横軸: 「魅力的,無関心」と「一元的,当り前」を分ける軸.すなわち「機能が不充足のとき,不満を引き起こすか否か」の軸

2.4 χ^2 適合度検定統計量との関係

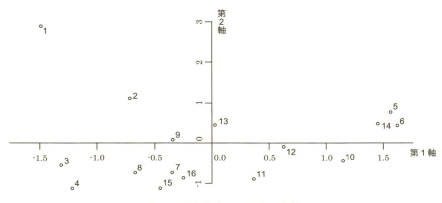

図 **2.2** 品質項目の 2 次元布置

縦軸： 「一元的，魅力的」と「当り前，無関心」を分ける軸．すなわち，「機能が充足のとき，満足を与えるか否か」の軸

と考えられる．このような解釈可能な 2 つの軸が得られたことは，狩野らの二元的認識モデルを 1 つの側面から支持しているといえる．

一方，行に与えられる数量を図示したのが図 2.2 である．これより，まず，同一製品評価因子内の品質項目が近くに布置していることが確認される．

図 2.1 と図 2.2 を併せてみると

Ⅰ 群 : 付加機能，操作性 … 無関心
Ⅱ 群 : 弊害機能，設置性 … 魅力的
Ⅲ 群 : 嗜好性，保守性，基本機能 … 一元的
Ⅳ 群 : 保全性 … 当り前

と群分けされることがわかる．これにより，製品評価因子と魅力的・当り前評価の相互関係が整理されたと考えられる．

2.4 χ^2 適合度検定統計量との関係

2.4.1 スペクトル分解と特異値分解

p 次の非負定行列 A の固有値はすべて非負値で，それらを

$$\lambda_1 \geq \lambda_2 \geq \cdots \geq \lambda_p \geq 0$$

とおく．λ_j に対応する大きさ 1 の固有ベクトルを w_j としたとき

$$Aw_1 = \lambda_1 w_1, \; Aw_2 = \lambda_2 w_2, \; \ldots, \; Aw_p = \lambda_p w_p$$

がそれぞれ成立している．これらをまとめて表現すれば

$$A(w_1, w_2, \ldots, w_p) = (\lambda_1 w_1, \lambda_2 w_2, \ldots, \lambda_p w_p)$$

となる．ここで p 次の行列 W を

$$W = (w_1, w_2, \ldots, w_p)$$

とし，$\lambda_1 \geq \lambda_2 \geq \cdots \geq \lambda_p$ を対角要素にする対角行列を Λ とすれば

$$AW = W\Lambda$$

と表現できる．固有ベクトルは互いに直交するので，W は直交行列である．よって，両辺に W^T を右からかければ

$$A = W\Lambda W^T \tag{2.21}$$

という関係を得る．これを行列 A のスペクトル分解という．右辺を展開すれば

$$A = \lambda_1 w_1 w_1^T + \lambda_2 w_2 w_2^T + \cdots + \lambda_p w_p w_p^T$$

である．

この行列 A を，ランク $r\,(r < p)$ の行列 B で最小 2 乗近似 (行列の要素の差の 2 乗和を最小にする) するとき，その行列 B は

$$B = \lambda_1 w_1 w_1^T + \lambda_2 w_2 w_2^T + \cdots + \lambda_r w_r w_r^T$$

になる．

ランク p の $a \times b$ 行列 Z に対して，ZZ^T と Z^TZ という 2 つの非負定行列を考える．この 2 つの行列の固有値は等しい．これは次のように確かめることができる．ZZ^T の固有方程式

$$ZZ^T x = \lambda x$$

の両辺に左から Z^T をかけると

$$Z^T Z Z^T x = \lambda Z^T x$$

となり，ここで $y = Z^T x$ とおけば，

$$Z^T Z y = \lambda y$$

という $Z^T Z$ の固有方程式を得るので，固有値は等しい．

いま，$Z Z^T x = \lambda x$ において，$x^T x = 1$ と基準化されているとする．すると

$$y = \frac{1}{\sqrt{\lambda}} Z^T x$$

とおくと

$$y^T y = \frac{1}{\lambda} x^T Z Z^T x = \frac{1}{\lambda} x^T \lambda x = 1$$

となり，y も基準化されていることがわかる．すると $Z Z^T x = \lambda x$ は

$$\sqrt{\lambda} Z y = \lambda x$$

と書ける．すなわち

$$Z y = \sqrt{\lambda} x$$

である．ここで，$Z Z^T$ の大きさ 1 の p 個の固有ベクトルを列ベクトルとする行列を X，$Z^T Z$ の大きさ 1 の p 個の固有ベクトルを列ベクトルとする行列を Y とすれば

$$ZY = X \begin{pmatrix} \sqrt{\lambda_1} & & \\ & \ddots & \\ & & \sqrt{\lambda_p} \end{pmatrix}$$

となる．ここで Y^T を両辺に右からかけると

$$Z = X \begin{pmatrix} \sqrt{\lambda_1} & & \\ & \ddots & \\ & & \sqrt{\lambda_p} \end{pmatrix} Y^T \tag{2.22}$$

と表現できる．これを Z の**特異値分解**という．

すなわち，ZZ^T と Z^TZ についてそれぞれスペクトル分解

$$ZZ^T = \lambda_1 \boldsymbol{x}_1 \boldsymbol{x}_1^T + \lambda_2 \boldsymbol{x}_2 \boldsymbol{x}_2^T + \cdots + \lambda_p \boldsymbol{x}_p \boldsymbol{x}_p^T$$

$$Z^TZ = \lambda_1 \boldsymbol{y}_1 \boldsymbol{y}_1^T + \lambda_2 \boldsymbol{y}_2 \boldsymbol{y}_2^T + \cdots + \lambda_p \boldsymbol{y}_p \boldsymbol{y}_p^T$$

をしたとき，Z については

$$Z = \sqrt{\lambda_1} \boldsymbol{x}_1 \boldsymbol{y}_1^T + \sqrt{\lambda_2} \boldsymbol{x}_2 \boldsymbol{y}_2^T + \cdots + \sqrt{\lambda_p} \boldsymbol{x}_p \boldsymbol{y}_p^T \tag{2.23}$$

という表現ができる．

2.4.2 定 式 化

コレスポンデンス分析は，(2.10) 式の一般化固有方程式を解くことであり，これは $\boldsymbol{w} = C^{1/2} \boldsymbol{x}$ と変換することで

$$C^{-1/2} N^T R^{-1} N C^{-1/2} \boldsymbol{w} = \lambda \boldsymbol{w}$$

という固有方程式に帰着した．このとき，厄介なことに，最大固有値 1 に対応する固有ベクトル $\boldsymbol{x} = \boldsymbol{1}_b$，$\boldsymbol{w} = C^{1/2} \boldsymbol{1}_b$ が自明解であるので，これを除く必要があった．

前項で説明したスペクトル分解を行列 $C^{-1/2} N^T R^{-1} N C^{-1/2}$ に施せば，そのランクを r としたとき

$$C^{-1/2} N^T R^{-1} N C^{-1/2} = \lambda_1 \boldsymbol{w}_1 \boldsymbol{w}_1^T + \lambda_2 \boldsymbol{w}_2 \boldsymbol{w}_2^T + \cdots + \lambda_r \boldsymbol{w}_r \boldsymbol{w}_r^T$$

と表現できる．ここで $\lambda_1 = 1$ で

$$\boldsymbol{w}_1 = \frac{1}{\sqrt{n}} C^{1/2} \boldsymbol{1}_b$$

である ($C^{1/2} \boldsymbol{1}_b$ は大きさが $\sqrt{n}$ であるので基準化している)．よって第 1 成分を引いた

$$C^{-1/2} N^T R^{-1} N C^{-1/2} - \lambda_1 \boldsymbol{w}_1 \boldsymbol{w}_1^T = C^{-1/2} N^T R^{-1} N C^{-1/2} - \frac{1}{n} C^{1/2} J_b C^{1/2} \tag{2.24}$$

に対して固有値・固有ベクトルを求めれば，自明解は現れない．ここで J_b は，すべての要素が 1 の b 次の正方行列である．

いま，$B = R^{-1/2}NC^{-1/2}$ とおくと，コレスポンデンス分析で列に数量 x を与えることは $B^T B$ のスペクトル分解に帰着し，行に数量 y を与えることは BB^T のスペクトル分解に帰着する．よって，B の特異値分解にまとめられる．

ところで，x の自明解を除く (2.24) 式の操作は，$B^T B$ から第 1 固有値成分を引き去ったことに対応する．一方，y の自明解に対応する BB^T の第 1 固有ベクトルは $R^{1/2}\mathbf{1}_a$ である．そこで，B からその第 1 特異値成分を引いた

$$G = B - \frac{1}{n}R^{1/2}\mathbf{1}_a\mathbf{1}_b^T C^{1/2} \tag{2.25}$$

を出発点にすれば，GG^T と $G^T G$ のいずれにおいても自明解は現れない．

ここで，(2.25) 式の意味を考えるのが，この項の目的である．まず，1.2 節で取り上げた χ^2 適合度統計量

$$\chi^2 = \sum_{i=1}^{a} \sum_{j=1}^{b} \frac{(n_{ij} - n_{i+}n_{+j}/n)^2}{n_{i+}n_{+j}/n}$$

を思い出す．これは

$$\chi^2 = n \sum_{i=1}^{a} \sum_{j=1}^{b} \left(\frac{n_{ij}}{\sqrt{n_{i+}n_{+j}}} - \frac{1}{n}\sqrt{n_{i+}n_{+j}} \right)^2$$

と書き直せる．2 乗和をとる各成分

$$\frac{n_{ij}}{\sqrt{n_{i+}n_{+j}}} - \frac{1}{n}\sqrt{n_{i+}n_{+j}}$$

は，まさに

$$G = R^{-1/2}NC^{-1/2} - \frac{1}{n}R^{1/2}1_a1_b^T C^{1/2}$$

の (i, j) 要素である．G の要素の 2 乗和は $\mathrm{tr}\, G^T G$ であるから

$$\chi^2 = n\,\mathrm{tr}\, G^T G$$

である．$B^T B$ のスペクトル分解を

$$B^T B = \lambda_1 \boldsymbol{w}_1 \boldsymbol{w}_1^T + \lambda_2 \boldsymbol{w}_2 \boldsymbol{w}_2^T + \cdots + \lambda_r \boldsymbol{w}_r \boldsymbol{w}_r^T$$

とすれば，$G^T G$ のスペクトル分解は

$$G^T G = \lambda_2 \boldsymbol{w}_2 \boldsymbol{w}_2^T + \lambda_3 \boldsymbol{w}_3 \boldsymbol{w}_3^T + \cdots + \lambda_r \boldsymbol{w}_r \boldsymbol{w}_r^T$$

であるから，$\mathrm{tr}\, G^T G = \lambda_2 + \lambda_3 + \cdots + \lambda_r$ より

$$\chi^2 = n(\lambda_2 + \lambda_3 + \cdots + \lambda_r) \tag{2.26}$$

の関係を得る．これより，第 2 固有値以降で χ^2 値を分解していることになる．

2.5 多肢選択データへの適用

2.5.1 多肢選択データとは

本書ではここまで，2つの質的変数のデータを二元分割表の形で表現してきた．しかし，二元分割表の形にまとめる前の生データは 個体×項目 のプロフィールデータであったに違いない．第1章の例1.1で取り上げた2つの数学科目の分割表データに対する生データは表2.6(a) のような形式であったろう．これを表2.6(b) の形式にしておくと，一見冗長ながら便利である．表中の1, 0 は，1がそのカテゴリーに該当したこと，0 が該当しなかったことを示す．このデータ形式を**多肢選択データ**あるいは**項目カテゴリー型データ**と呼ぶ．

表 2.6 プロフィールデータと多肢選択データ

(a) プロフィールデータ

個体	微積	代数
1	良	可
2	良	優
3	可	不可
4	優	優
⋮	⋮	⋮
144	優	可
145	良	良

(b) 多肢選択データ

個体	微積 優	良	可	不	代数 優	良	可	不
1	0	1	0	0	0	0	1	0
2	0	1	0	0	1	0	0	0
3	0	0	1	0	0	0	0	1
4	1	0	0	0	1	0	0	0
⋮	⋮	⋮	⋮	⋮	⋮	⋮	⋮	⋮
144	1	0	0	0	0	0	1	0
145	0	1	0	0	0	1	0	0

実際，このデータ形式は個体数が多いと，やたらにスペースを食う．どの学生がどういう成績であったかに関心がなく，科目間の関連だけに興味があるならば，これを表1.2の二元分割表にまとめても情報は失われない．

2.5.2 定 式 化

多肢選択データにおける0, 1反応の部分を $n \times (a+b)$ の行列 H で表現する．このとき H は

$$H = (H_1 ; H_2)$$

と分割できる. H_1 は項目 1 に関する部分で $n \times a$ 行列, H_2 は項目 2 に関する部分で $n \times b$ 行列である. このとき, 分割表表現との間に

$$H^T H = \begin{pmatrix} R & N \\ N^T & C \end{pmatrix}$$

の関係がある. H に対する行和行列を R_H, 列和行列を C_H と表記すれば

$$C_H = \begin{pmatrix} R & 0 \\ 0 & C \end{pmatrix}$$

$$R_H = 2I_n$$

である. ここで I_n は n 次の単位行列である.

いま, 行列 H を形式的に $n \times (a+b)$ の二元分割表とみなして, これにコレスポンデンス分析を実行しよう. H の列に与える数量ベクトルを z とし, これも H と同じ次数で

$$z = (z_1^T ; z_2^T)^T$$

と分割する. すると (2.10) 式に対応する一般化固有方程式は

$$H^T R_H^{-1} H z = \lambda_H C_H z$$

で, これは $R_H = 2I_n$ より

$$H^T H z = 2\lambda_H C_H z$$

と書ける. これを分割すれば

$$\begin{pmatrix} R & N \\ N^T & C \end{pmatrix} \begin{pmatrix} z_1 \\ z_2 \end{pmatrix} = 2\lambda_H \begin{pmatrix} R & 0 \\ 0 & C \end{pmatrix} \begin{pmatrix} z_1 \\ z_2 \end{pmatrix}$$

となる. これを展開すると

$$R z_1 + N z_2 = 2\lambda_H R z_1$$

$$N^T z_1 + C z_2 = 2\lambda_H C z_2$$

という連立方程式を得る. これを整理すれば

$$Nz_2 = (2\lambda_H - 1)Rz_1 \tag{2.27}$$

$$N^T z_1 = (2\lambda_H - 1)Cz_2 \tag{2.28}$$

となる．これと，相関係数最大化で導いた (2.19) 式，(2.20) 式と比べれば，H に対するコレスポンデンス分析と N に対するコレスポンデンス分析では

$$z_1 = y$$

$$z_2 = x$$

という関係があることがわかる．このように，H に対するコレスポンデンス分析で得られる列の数量は，二元分割表 N に対する分析で得られる行の数量と列の数量を並べたものになる．

また，固有値については，(2.19) 式，(2.20) 式での r_{xy} と (2.10) 式での λ との間には $r_{xy}^2 = \lambda$ の関係があるので，H での相関比 λ_H と N での相関比 λ との間には，(2.27) 式，(2.28) 式より

$$2\lambda_H - 1 = \sqrt{\lambda}$$

の関係がある．

　項目が 3 つ以上あるときにも，多肢選択データ H を二元分割表とみなして，形式的にコレスポンデンス分析を実行することができる．その場合の一般化固有方程式は $H^T H z = 2\lambda_H C_H z$ であるから，項目間の 3 次以上の相関は無視して 2 次の相関のみにもとづいた分析になっていることがわかる．$H^T H$ はバート表とか多重クロス表と呼ばれる．

3

三元分割表の解析

3.1　シンプソンのパラドックス

3.1.1　シンプソンのパラドックスとは

表 3.1 に示す 2×2 二元分割表は，ある年度に高速道路で発生した前面衝突事故について，後部座席にいた者がシートベルトを着用していた 130 件と，着用していなかった 120 件のそれぞれについて，事故での生死を分類したものである．

表 3.1　シートベルト有無と生死の二元分割表

	生存	死亡	計
着用	59	71	130
非着用	58	62	120

シートベルト着用での生存割合は 45.4% で，非着用での生存割合 48.3% よりも小さい．χ^2 適合度検定統計量の値は $\chi^2 = 0.218$ とまったく有意ではないが，これは常識に反することである．

当然のことながら，後部座席にいた者には男性と女性がいる．よって性別で層別した三元分割表が表 3.2 である．

表 3.2　性別，着用の有無，生死の三元分割表

	男性			女性		
	生存	死亡	計	生存	死亡	計
着用	25	5	30	34	66	100
非着用	55	45	100	3	17	20

表 3.2 より，男性では，着用の生存割合は 83.3% で非着用での生存割合 55% を
上回る．女性でも，着用の生存割合 34% は非着用の生存割合 27.2% を上回る．
これは十分納得できる結果である．男性と女性を安易に併合してしまうと表 3.1
のようにミスリーディングな結果になってしまう．このような現象をシンプソ
ンのパラドックスという．

併合した表 3.1 で非着用の生存割合が着用の生存割合を上回るからくりは次
の通りである．男性の生存割合は着用でも非着用でも 50% 以上である．これ
に対して女性では着用と非着用のいずれにおいても生存割合は 50% 未満であ
る．つまり，当然ながら女性の方が男性よりも弱い．ところが，このデータで
は，男性と女性の間でシートベルト着用割合が大きく異なり，女性の着用割合
が 83.3% で，男性のそれが 23.1% となっている．それゆえ，表 3.1 では，見か
け上，弱い女性の効果がシートベルト非着用の効果として現れてしまったわけ
である．

3.1.2 定 式 化

ここで，層別された分割表の表記法を導入し，シンプソンのパラドックスを
定式化しておく．

話を簡単にするため，層別変数 z が 1 つの場合で論じよう．複数あっても，
それらを組合せて 1 つの変数にしてしまえば (水準数はそれだけ多くなるが) 同
じ話になる．z の水準数を K とする．すなわち，2 値要因 x と 2 値反応 y を行
と列にそれぞれ配した 2×2 分割表が全部で K 枚ある状況を考える．

$x = i, y = j, z = k$ における観測度数を n_{ijk} と記す．ある変数について併合し
た周辺度数を，変数の添え字を $+$ に置き換える表記は二元分割表のときと同じ
である．表 3.2 は $K = 2$ の場合である．$z = k$ における 2×2 分割表において，
n_{11k}/n_{12k} を $x = 1$ でのオッズという (オッズは母数として定義されることもある
ので，区別が必要なときには標本オッズという)．同様に n_{21k}/n_{22k} を $x = 2$ での
オッズという．1.4 節で導入したように，この 2 つのオッズの比

$$\frac{n_{11k}/n_{12k}}{n_{21k}/n_{22k}} = \frac{n_{11k}n_{22k}}{n_{12k}n_{21k}}$$

をオッズ比 (標本オッズ比) という．母オッズ比では，それぞれの度数を対応す

る出現確率に置き換えればよい．要因変数の効果がないとき，すなわち x と y が独立のときには，母オッズ比は 1 になることに注意する．

これらの表記を用いれば，表 3.2 では

$$\frac{n_{111}n_{221}}{n_{121}n_{211}} > 1, \quad \frac{n_{112}n_{222}}{n_{122}n_{212}} > 1$$

であるにもかかわらず，これらを併合した表 3.1 では

$$\frac{n_{11+}n_{22+}}{n_{12+}n_{21+}} < 1$$

という現象が起こっていたことになる．

このシートベルト着用の例では，性別で層別した三元分割表と，これを併合した二元分割表のどちらに意味があるかはほぼ自明である．しかし，一般にはつねに層別した三元表が正しいわけではない．これを次項で述べる．

3.1.3　交絡因子とは

分割表における処理と反応の要因分析において，層別すべき変数は**交絡因子**と呼ばれ，その要件は長い年月をかけて経験的に次のようにまとめられている．

1) 交絡因子は反応に影響するものでなければならない
2) 交絡因子は処理と関連していなければならない
3) 交絡因子は処理から影響されるものであってはいけない

このうち 1) と 2) がいずれも成り立つと

処理 ↔ 交絡因子 → 反応

という道ができてしまい，交絡因子を無視したときに，処理と反応の**擬似相関**を生むことになる．このとき，処理と交絡因子の関係は，処理から交絡因子への片側矢線であってはいけない．それを規定しているのが 3) である．この条件 3) は次のように理解できる．層別するということは，層別因子の値を固定することである．処理に影響される中間特性を層別因子にすると，処理からその中間特性を経由して反応に影響する因果の道が遮断されてしまい，本来の因果的効果が打ち消されてしまう．

このように，層別すべき変数の同定には，「影響される」というような因果関

係に関する言葉が登場するので，純粋な確率論，数理統計学の用語で記述できないことに注意する．

いま，興味ある処理変数と反応変数に対して，交絡因子が過不足なく同定されていたとする．すると，処理変数の反応変数への因果的効果を推測する際，交絡因子で層別してこれによる影響を調整する必要がある．その上で，因果的効果の大きさを表す統計的パラメータを効率的に推定し，その推定誤差を評価しながら因果的効果の統計的有意性を判定する，というのが統計的因果推論の常套手段である．

処理変数を x，反応変数を y，さらに交絡因子を $z_1, z_2, \ldots, z_p$ としたとき，反応変数が連続値をとる量的変数の場合，重回帰モデルが因果推論に使われる．処理変数と交絡因子は量的変数でも質的変数でもよく，質的変数の場合はダミー変数としてモデルに組み込まれる．重回帰モデルでの交絡因子による調整は，交絡因子を説明変数に含めることで実現する．実に単純な作業である．このとき，処理変数の効果は層の間で一定，すなわち，処理変数と交絡因子との間に交互作用がないと仮定し，処理変数の効果をその偏回帰係数で記述している．現実には，処理変数の効果が層間で厳密に同じということはないから，あくまで各層での効果の平均的な値を記述していることになる．

3.2 マンテル・ヘンツェル検定

3.2.1 層間が独立の場合

一方，反応変数が離散変数の場合，交絡因子による調整はどのように行えばよいだろうか．表 3.2 のように，処理変数と反応変数がいずれも 2 値の場合に，これに対する回答がマンテルとヘンツェルによって示された．いわゆる統計学の入門書の多くはこの方法を扱っていないが，医学統計などの分野では非常に使用頻度の高い基本的手法である．

交絡因子で層別する場合は，各層に異なる個体が入るので，層間で度数は独立になる．$z = k \, (k = 1, 2, \ldots, K)$ での 2×2 分割表において，処理変数の反応変数への効果がないときには

$$P\{y = 1 \,|\, x = 1\} = P\{y = 1 \,|\, x = 2\}$$

であるから，周辺度数 n_{1+k}, n_{+1k} を与えたときの n_{11k} の条件付き分布は超幾何分布になり，その条件付き期待値は

$$E[n_{11k} | n_{1+k}, n_{+1k}] = \frac{n_{1+k} n_{+1k}}{n_{++k}}$$

であり，条件付き分散は

$$V(n_{11k} | n_{1+k}, n_{+1k}) = \frac{n_{1+k} n_{+1k} n_{2+k} n_{+2k}}{n_{++k}^2 (n_{++k} - 1)}$$

となる．すべての k で処理変数の効果がないとすれば，n_{11+} の条件付き期待値は

$$E[n_{11+} | n_{1+k}, n_{+1k}; k = 1, \ldots, K] = \sum_{k=1}^{K} \frac{n_{1+k} n_{+1k}}{n_{++k}}$$

であり，条件付き分散は層間での度数の独立性より

$$V(n_{11+} | n_{1+k}, n_{+1k}; k = 1, \ldots, K) = \sum_{k=1}^{K} \frac{n_{1+k} n_{+1k} n_{2+k} n_{+2k}}{n_{++k}^2 (n_{++k} - 1)}$$

となる．この期待値と分散が併合された 2×2 分割表から算出されたものでなく，層別された分割表から積み上げられたものである点が本質的である．これよりマンテル・ヘンツェル検定統計量は

$$MH = \frac{(n_{11+} - E[n_{11+} | n_{1+k}, n_{+1k}; k = 1, \ldots, K])^2}{V(n_{11+} | n_{1+k}, n_{+1k}; k = 1, \ldots, K)} \tag{3.1}$$

で与えられる．この統計量は近似的に自由度 1 の χ^2 分布に従う．この検定の帰無仮説を 3.1.2 項で定式化したオッズ比 (母オッズ比) で記述すれば

$$\text{H}_0 : 母オッズ比がすべての層で 1 である$$

となる．そして対立仮説として

$$\text{H}_1 : 母オッズ比はすべての層で共通であるが 1 ではない$$

を想定して導かれた検定統計量が (3.1) 式である．

　このマンテル・ヘンツェル検定統計量は次の点で合理的である．まず，多母数の指数分布族に対する検定の一般論として，一様最強力不偏検定は局外母数に対する十分統計量を与えたときの条件付き検定として与えられるから，周辺度数 n_{1+k}, n_{+1k} を与えたときの条件付き分布を考えることは適切である．また，

上記の対立仮説のもとでは，上記の周辺度数に，層に対する周辺度数 n_{11+} を加えたものが十分統計量になるので，これについての条件付き分布を求めることに合理性がある．検定統計量の正確な分布は求められていないが，それは本質ではないだろう．

例 3.1 マンテル・ヘンツェル検定統計量の計算例

　表 3.2 の三元分割表でマンテル・ヘンツェル検定統計量を計算してみよう．男女それぞれで，シートベルトの効果がないという帰無仮説のもとでの，シートベルト着用での期待生存数を計算すると，男性では

$$\frac{30 \times 80}{130} = 18.46$$

となり，女性では

$$\frac{100 \times 37}{120} = 30.83$$

となり，この和 18.46 + 30.83 = 49.29 が，併合された表 3.1 から求めた期待度数

$$\frac{130 \times 117}{250} = 60.84$$

とまったく異なる点が本質である．

　分散も同様に求めていくと，マンテル・ヘンツェル検定統計量の値は

$$MH = 10.37$$

となり，高度に有意になる．

3.2.2 層間が従属の場合

いま，製造業の研究開発段階において，2 つの異なる設計条件を OK・NG の 2 値反応試験で評価するとする．このような評価試験では，製品の多様な使用条件を先取りして，複数の試験条件のもとで試験を行うことが重要である．このとき，開発段階では各設計条件のもとで多くの試作品を用意するのが難しいため，2 値反応試験が非破壊測定であるならば，1 つの試作品を複数の試験条件で用いることが多い．その場合，試験条件が K 水準あれば，試験結果は従属な

3.2 マンテル・ヘンツェル検定

K 枚の 2×2 分割表にまとめられる. また, 2 つの設計条件の優劣は, 帰無仮説を「共通のオッズ比が 1 である」としたとき, 「共通のオッズ比が 1 以上 (または 1 以下)」という対立仮説に帰着する.

動物試験などで, ある処理を施された同一個体の 2 値反応を複数時点で観測する繰り返し測定においても, 複数の処理を優劣比較するとき, 上と同様な従属性と帰無仮説・対立仮説が生じる.

簡単のため, $K = 2$ の場合で定式化する. いま, 比較対象の 2 つの設計条件を A_1, A_2 とする. OK・NG の 2 値反応を y_1, y_2 で表す. さらに, $K = 2$ の使用条件を N_1, N_2 とする. A_1 で大きさ $n^{(1)}$ の試作品を用意し, A_2 で大きさ $n^{(2)}$ の試作品を用意する. 大きさ $n^{(h)}$ の A_h の試作品において, N_1 で y_i に反応し, N_2 で y_j に反応した度数を $n_{ij}^{(h)}$ と表記すると, この比較試験で観測される対応のある度数表は表 3.3 のようにまとめられる. 表 3.3 のような度数表は対応のある 2×2 分割表として知られ, 行と列の対称性仮説に対してマクネマー検定がしばしば用いられている. しかし, ここでの興味は対称性ではなく, A_1 と A_2 の優劣比較である.

表 3.3　もとの 2 枚の対応のある度数表

A_1		N_2			A_2		N_2		
		y_1	y_2	計			y_1	y_2	計
N_1	y_1	$n_{11}^{(1)}$	$n_{12}^{(1)}$	$n_{1+}^{(1)}$	N_1	y_1	$n_{11}^{(2)}$	$n_{12}^{(2)}$	$n_{1+}^{(2)}$
	y_2	$n_{21}^{(1)}$	$n_{22}^{(1)}$	$n_{2+}^{(1)}$		y_2	$n_{21}^{(2)}$	$n_{22}^{(2)}$	$n_{2+}^{(2)}$
	計	$n_{+1}^{(1)}$	$n_{+2}^{(1)}$	$n^{(1)}$		計	$n_{+1}^{(2)}$	$n_{+2}^{(2)}$	$n^{(2)}$

この表記を用いると, N_1 と N_2 のそれぞれで, A_1 と A_2 の優劣比較をするための $2 \times 2 \times 2$ 分割表は表 3.4 のようにまとめられる.

表 3.4　オッズ比算出のための三元分割表

N_1	y_1	y_2	計	N_2	y_1	y_2	計
A_1	$n_{1+}^{(1)}$	$n_{2+}^{(1)}$	$n^{(1)}$	A_1	$n_{+1}^{(1)}$	$n_{+2}^{(1)}$	$n^{(1)}$
A_2	$n_{1+}^{(2)}$	$n_{2+}^{(2)}$	$n^{(2)}$	A_2	$n_{+1}^{(2)}$	$n_{+2}^{(2)}$	$n^{(2)}$
計	$n_{1+}^{(+)}$	$n_{2+}^{(+)}$	$n^{(+)}$	計	$n_{+1}^{(+)}$	$n_{+2}^{(+)}$	$n^{(+)}$

この表 3.4 の三元分割表に対してマンテル・ヘンツェル検定統計量を自然に適用すれば

$$MH_D = \frac{\left(n_{1+}^{(1)} + n_{+1}^{(1)} - E\left[n_{1+}^{(1)} + n_{+1}^{(1)}\middle|n_{1+}^{(+)}, n_{+1}^{(+)}\right]\right)^2}{V\left(n_{1+}^{(1)} + n_{+1}^{(1)}\middle|n_{1+}^{(+)}, n_{+1}^{(+)}\right)} \tag{3.2}$$

という形になる．下付き添え字の D は従属性を意味する．すなわち，核となる統計量は 2 枚の 2×2 分割表での $(1,1)$ セルの度数の和 $n_{1+}^{(1)} + n_{+1}^{(1)}$ で，これと各 2×2 分割表での行和と列和を与えたときの条件付き期待値との差の 2 乗を，この分散で割った量が (3.2) 式である．通常のマンテル・ヘンツェル検定統計量との違いは，2 枚の 2×2 分割表での $(1,1)$ セルの度数 $n_{1+}^{(1)}$ と $n_{+1}^{(1)}$ が独立でないため，これらの和に対する条件付き分散の算出において，条件付き共分散を考慮せねばならない点である．

さて，観察される表 3.3 の度数データは 2 つの独立な 4 項分布の実現値である．これにもとづいて，表 3.4 での行和と列和を与えたときの $(n_{1+}^{(1)}, n_{+1}^{(1)})$ の条件付き分布を正確に求めることは難しい．そこで，表 3.3 の度数データを多変量正規分布に近似することで，この条件付き分散を求めることにする．

表 3.3 における $n_{ij}^{(h)}$ に対応するパラメータを $p_{ij}^{(h)}$ と表記すれば，$n_{ij}^{(1)}$ の試作品と $n_{ij}^{(2)}$ の試作品が独立であることより，$(n_{11}^{(1)}, n_{12}^{(1)}, n_{21}^{(1)}, n_{22}^{(1)})^T$ の分散共分散行列は

$$V\begin{pmatrix} n_{11}^{(1)} \\ n_{12}^{(1)} \\ n_{21}^{(1)} \\ n_{22}^{(1)} \end{pmatrix}$$

$$= \begin{pmatrix} n^{(1)}p_{11}^{(1)}(1-p_{11}^{(1)}) & -n^{(1)}p_{11}^{(1)}p_{12}^{(1)} & -n^{(1)}p_{11}^{(1)}p_{21}^{(1)} & -n^{(1)}p_{11}^{(1)}p_{22}^{(1)} \\ -n^{(1)}p_{11}^{(1)}p_{12}^{(1)} & n^{(1)}p_{12}^{(1)}(1-p_{12}^{(1)}) & -n^{(1)}p_{12}^{(1)}p_{21}^{(1)} & -n^{(1)}p_{12}^{(1)}p_{22}^{(1)} \\ -n^{(1)}p_{11}^{(1)}p_{21}^{(1)} & -n^{(1)}p_{12}^{(1)}p_{21}^{(1)} & n^{(1)}p_{21}^{(1)}(1-p_{21}^{(1)}) & -n^{(1)}p_{21}^{(1)}p_{22}^{(1)} \\ -n^{(1)}p_{11}^{(1)}p_{22}^{(1)} & -n^{(1)}p_{12}^{(1)}p_{22}^{(1)} & -n^{(1)}p_{21}^{(1)}p_{22}^{(1)} & n^{(1)}p_{22}^{(1)}(1-p_{22}^{(1)}) \end{pmatrix}$$

であり，同様に，$(n_{11}^{(2)}, n_{12}^{(2)}, n_{21}^{(2)}, n_{22}^{(2)})^T$ の分散共分散行列は

$$
V\begin{pmatrix} n_{11}^{(2)} \\ n_{12}^{(2)} \\ n_{21}^{(2)} \\ n_{22}^{(2)} \end{pmatrix}
$$

$$
=\begin{pmatrix}
n^{(2)}p_{11}^{(2)}(1-p_{11}^{(2)}) & -n^{(2)}p_{11}^{(2)}p_{12}^{(2)} & -n^{(2)}p_{11}^{(2)}p_{21}^{(2)} & -n^{(2)}p_{11}^{(2)}p_{22}^{(2)} \\
-n^{(2)}p_{11}^{(2)}p_{12}^{(2)} & n^{(2)}p_{12}^{(2)}(1-p_{12}^{(2)}) & -n^{(2)}p_{12}^{(2)}p_{21}^{(2)} & -n^{(2)}p_{12}^{(2)}p_{22}^{(2)} \\
-n^{(2)}p_{11}^{(2)}p_{21}^{(2)} & -n^{(2)}p_{12}^{(2)}p_{21}^{(2)} & n^{(2)}p_{21}^{(2)}(1-p_{21}^{(2)}) & -n^{(2)}p_{21}^{(2)}p_{22}^{(2)} \\
-n^{(2)}p_{11}^{(2)}p_{22}^{(2)} & -n^{(2)}p_{12}^{(2)}p_{22}^{(2)} & -n^{(2)}p_{21}^{(2)}p_{22}^{(2)} & n^{(2)}p_{22}^{(2)}(1-p_{22}^{(2)})
\end{pmatrix}
$$

である．この度数ベクトルから表 3.3 の行和と列和，すなわち表 3.4 でのセル度数への変換は

$$
\begin{pmatrix} n_{1+}^{(1)} \\ n_{+1}^{(1)} \end{pmatrix} = \begin{pmatrix} 1 & 1 & 0 & 0 \\ 1 & 0 & 1 & 0 \end{pmatrix} \begin{pmatrix} n_{11}^{(1)} \\ n_{12}^{(1)} \\ n_{21}^{(1)} \\ n_{22}^{(1)} \end{pmatrix}
$$

$$
\begin{pmatrix} n_{1+}^{(2)} \\ n_{+1}^{(2)} \end{pmatrix} = \begin{pmatrix} 1 & 1 & 0 & 0 \\ 1 & 0 & 1 & 0 \end{pmatrix} \begin{pmatrix} n_{11}^{(2)} \\ n_{12}^{(2)} \\ n_{21}^{(2)} \\ n_{22}^{(2)} \end{pmatrix}
$$

であるから左辺の分散共分散行列は，それぞれ

$$
V\begin{pmatrix} n_{1+}^{(1)} \\ n_{+1}^{(1)} \end{pmatrix} = \begin{pmatrix} A^{(1)} & B^{(1)} \\ B^{(1)} & C^{(1)} \end{pmatrix}
$$

$$
V\begin{pmatrix} n_{1+}^{(2)} \\ n_{+1}^{(2)} \end{pmatrix} = \begin{pmatrix} A^{(2)} & B^{(2)} \\ B^{(2)} & C^{(2)} \end{pmatrix}
$$

となる．ここで

$$A^{(1)} = V(n_{11}^{(1)}) + 2Cov(n_{11}^{(1)}, n_{12}^{(1)}) + V(n_{12}^{(1)})$$

$$B^{(1)} = V(n_{11}^{(1)}) + Cov(n_{11}^{(1)}, n_{12}^{(1)}) + Cov(n_{11}^{(1)}, n_{21}^{(1)}) + Cov(n_{12}^{(1)}, n_{21}^{(1)})$$

$$C^{(1)} = V(_{11}^{(1)}) + 2Cov(n_{11}^{(1)}, n_{21}^{(1)}) + V(n_{21}^{(1)})$$

$$A^{(2)} = V(n_{11}^{(2)}) + 2Cov(n_{11}^{(2)}, n_{12}^{(2)}) + V(n_{12}^{(2)})$$

$$B^{(2)} = V(n_{11}^{(2)}) + Cov(n_{11}^{(2)}, n_{12}^{(2)}) + Cov(n_{11}^{(2)}, n_{21}^{(2)}) + Cov(n_{12}^{(2)}, n_{21}^{(2)})$$

$$C^{(2)} = V(_{11}^{(2)}) + 2Cov(n_{11}^{(2)}, n_{21}^{(2)}) + V(n_{21}^{(2)})$$

である. 次に, この $(n_{1+}^{(1)}, n_{+1}^{(1)}, n_{1+}^{(2)}, n_{+1}^{(2)})^T$ から $(n_{1+}^{(1)}, n_{+1}^{(1)}, n_{1+}^{(+)}, n_{+1}^{(+)})^T$ への変換を

$$\begin{pmatrix} n_{1+}^{(1)} \\ n_{+1}^{(1)} \\ n_{1+}^{(+)} \\ n_{+1}^{(+)} \end{pmatrix} = \begin{pmatrix} 1 & 0 & 0 & 0 \\ 0 & 1 & 0 & 0 \\ 1 & 0 & 1 & 0 \\ 0 & 1 & 0 & 1 \end{pmatrix} \begin{pmatrix} n_{1+}^{(1)} \\ n_{+1}^{(1)} \\ n_{1+}^{(2)} \\ n_{+1}^{(2)} \end{pmatrix}$$

で行えば, 左辺の分散共分散行列は

$$V\begin{pmatrix} n_{1+}^{(1)} \\ n_{+1}^{(1)} \\ n_{1+}^{(+)} \\ n_{+1}^{(+)} \end{pmatrix} = \begin{pmatrix} A^{(1)} & B^{(1)} & A^{(1)} & B^{(1)} \\ B^{(1)} & C^{(1)} & B^{(1)} & C^{(1)} \\ A^{(1)} & B^{(1)} & A^{(1)}+A^{(2)} & B^{(1)}+B^{(2)} \\ B^{(1)} & C^{(1)} & B^{(1)}+B^{(2)} & C^{(1)}+C^{(2)} \end{pmatrix}$$

である. これより $(n_{1+}^{(+)}, n_{+1}^{(+)})^T$ を与えたときの $(n_{1+}^{(1)}, n_{+1}^{(1)})^T$ の条件付き分散共分散行列は, 4 項分布を多変量正規分布に近似することにより

$$V\left(\begin{pmatrix} n_{1+}^{(1)} \\ n_{+1}^{(1)} \end{pmatrix} \Bigg| \begin{pmatrix} n_{1+}^{(+)} \\ n_{+1}^{(+)} \end{pmatrix} \right)$$

$$= \begin{pmatrix} A^{(1)} & B^{(1)} \\ B^{(1)} & C^{(1)} \end{pmatrix} - \begin{pmatrix} A^{(1)} & B^{(1)} \\ B^{(1)} & C^{(1)} \end{pmatrix} \begin{pmatrix} A^{(1)}+A^{(2)} & B^{(1)}+B^{(2)} \\ B^{(1)}+B^{(2)} & C^{(1)}+C^{(2)} \end{pmatrix}^{-1} \begin{pmatrix} A^{(1)} & B^{(1)} \\ B^{(1)} & C^{(1)} \end{pmatrix}$$

$$\tag{3.3}$$

となる.

以上より (3.2) 式の検定統計量 MH_D を求める準備は整った. 分子にある条件付き期待値については

$$E\left[n_{1+}^{(1)} + n_{+1}^{(1)} \,\middle|\, n_{1+}^{(+)}, n_{+1}^{(+)}\right] = \frac{n_{1+}^{(+)}n^{(1)} + n_{+1}^{(+)}n^{(1)}}{n^{(+)}}$$

で与えられる．一方，分母の条件付き分散は

$$V\left(n_{1+}^{(1)} + n_{+1}^{(1)} \,\middle|\, n_{1+}^{(+)}, n_{+1}^{(+)}\right)$$
$$= V\left(n_{1+}^{(1)} \,\middle|\, n_{1+}^{(+)}, n_{+1}^{(+)}\right) + V\left(n_{+1}^{(1)} \,\middle|\, n_{1+}^{(+)}, n_{+1}^{(+)}\right) + 2Cov\left(n_{1+}^{(1)}, n_{+1}^{(1)} \,\middle|\, n_{1+}^{(+)}, n_{+1}^{(+)}\right)$$

であり，この条件付き分散は (3.3) 式に与えられる 2×2 行列の対角要素で，条件付き共分散は非対角要素でそれぞれ与えられる．これらの値は未知パラメータを含むため，これを

$$\hat{p}_{ij}^{(h)} = \frac{n_{ij}^{(h)}}{n^{(h)}}$$

により推定しておく．

3.3　3通りの独立性と対数線形モデル

3.3.1　基本モデル

三元分割表でも，いくつかのサンプリング方式がありえる．それにより質的変数の性格も変わってくる．表 3.2 はシートベルト着用が処理変数，生死が反応変数で，性別が層別因子 (交絡因子) という三元分割表による解析が不可欠な典型的な例であった．しかし，第 1 章にみたように，変数間の関連を数学的に扱う上では，変数の性格を区別する必要はない．そこで，以下では総度数が与えられた場合で議論を進めよう．

二元分割表からの拡張で，質的変数を A, B, C の英文字で表し，そのカテゴリーを示す添え字に i, j, k を用いる．変数 A, B, C のカテゴリー数を a, b, c とする．全部で n 個の個体を観測したとき，無作為に選んだ 1 つの個体が $A_i B_j C_k$ に属する確率を p_{ijk} とすると

$$\sum_{i=1}^{a} \sum_{j=1}^{b} \sum_{k=1}^{c} p_{ijk} = 1$$

である．周辺確率を表すのに，添え字を $+$ にする表記も二元分割表と同じである．三元分割表では，次のような関連モデルが考えられる．

① 条件付き独立

すべての i, j, k において

$$p_{ijk} = \frac{p_{i+k}p_{+jk}}{p_{++k}} \tag{3.4}$$

が成立しているとき，変数 C を与えたもとで変数 A と B は条件付き独立であるといい，この関係を $A \perp\!\!\!\perp B|C$ と表す．

3.2 節では，表 3.2 の三元分割表において，マンテル・ヘンツェル検定を行った．そこでの帰無仮説は

$$H_0 : 母オッズ比がすべての層で 1 である$$

であった．実はこの仮説は，性別を与えたときにシートベルト着用と生死が条件付き独立ということを意味している．条件付き独立については，次の定理が本質的である．

○定理 3.1 (因数分解基準)

$A \perp\!\!\!\perp B|C$ の必要十分条件は

$$p_{ijk} = g(i, k)h(j, k)$$

を満たす関数 g と h が存在することである．

② 部分独立

すべての i, j, k において

$$p_{ijk} = p_{i++}p_{+jk} \tag{3.5}$$

が成立しているとき，A と (B, C) は部分独立であるといい，$A \perp\!\!\!\perp (B, C)$ と表す．

ここで次の定理が有用である．

○定理 3.2

$A \perp\!\!\!\perp B|C$ かつ $A \perp\!\!\!\perp C|B$ ならば，$A \perp\!\!\!\perp (B, C)$ である．

すなわち，部分独立は 2 つの条件付き独立からの帰結である．定理 3.2 は逆

3.3 3通りの独立性と対数線形モデル 69

も成り立ち，$A \perp\!\!\!\perp (B, C)$ ならば，$A \perp\!\!\!\perp B|C$ かつ $A \perp\!\!\!\perp C|B$ である.

③ 互いに独立

すべての i, j, k において

$$p_{ijk} = p_{i++} p_{+j+} p_{++k} \tag{3.6}$$

が成立しているとき，A，B，C は互いに独立であるといい，$A \perp\!\!\!\perp B \perp\!\!\!\perp C$ と表す.

A，B，C が互いに独立であるとき，$A \perp\!\!\!\perp B|C$ などすべての条件付き独立が成立している.

3.3.2 対数線形モデル

$A_i B_j C_k$ に属する確率 p_{ijk} の対数に対して，線形加法表現

$$\log p_{ijk} = \mu + \alpha_i + \beta_j + \gamma_k + (\alpha\beta)_{ij} + (\alpha\gamma)_{ik} + (\beta\gamma)_{jk} + (\alpha\beta\gamma)_{ijk} \tag{3.7}$$

としたモデルを**対数線形モデル**という.ここに，右辺のパラメータの一意性を確保するために，自身のもつ添え字について和をとれば0という次の制約をおく.

$$\sum_{i=1}^{a} \alpha_i = \sum_{j=1}^{b} \beta_j = \sum_{k=1}^{c} \gamma_k = 0$$

$$\sum_{i=1}^{a} (\alpha\beta)_{ij} = \sum_{j=1}^{b} (\alpha\beta)_{ij} = 0$$

$$\vdots$$

$$\sum_{i=1}^{a} (\alpha\beta\gamma)_{ijk} = \sum_{j=1}^{b} (\alpha\beta\gamma)_{ijk} = \sum_{k=1}^{c} (\alpha\beta\gamma)_{ijk} = 0$$

さて，(3.7) 式には，1つの一般平均項，3つの主効果項，3つの2因子交互作用項，および1つの3因子交互作用項がある.上記の制約により，実質的なパラメータ数は abc 個であり，これ自体はパラメータの別表現にすぎない.対数線形モデルを用いたモデリングでは，(3.7) 式をフルモデルと呼び，これからいくつかのパラメータを0においたモデルをデータに当てはめる.

モデリングでは，次のような約束をする.たとえば，2因子交互作用項 $(\alpha\beta)_{ij}$ を0とおかずにモデルに残したならば，これに対応する主効果項 α_i と β_j はそ

の大きさにかかわらずモデルに含める．一般に，ある交互作用項が存在すれば，それに含まれる，より低次の交互作用項および主効果項をモデルに入れる．これを満たすモデルを階層的モデルという．

では，3.3.1 項に述べた基本モデルと対数線形モデルとの関係をみていこう．

① 条件付き独立

すべての i, j, k において $(\alpha\beta\gamma)_{ijk} = 0$ かつ $(\alpha\beta)_{ij} = 0$ としたモデルでは，$A \perp\!\!\!\perp B|C$ が成立している．

これは次のように確かめることができる．$(\alpha\beta\gamma)_{ijk} = 0$, $(\alpha\beta)_{ij} = 0$ だから，そのときの対数線形モデルは

$$\log p_{ijk} = \mu + \alpha_i + \beta_j + \gamma_k + (\alpha\gamma)_{ik} + (\beta\gamma)_{jk}$$

である．このとき右辺は適当な関数 π と φ により

$$\log p_{ijk} = \pi(i, k) + \varphi(j, k)$$

と書けている．よって両辺の指数をとれば，ある関数 g と h により

$$p_{ijk} = g(i, k)h(j, k)$$

と因数分解されている．よって定理 3.1 より題意を得る．

② 部分独立

すべての i, j, k において $(\alpha\beta\gamma)_{ijk} = 0$ かつ $(\alpha\beta)_{ij} = (\alpha\gamma)_{ik} = 0$ としたモデルでは，$A \perp\!\!\!\perp (B, C)$ が成立している．

③ 互いに独立

すべての i, j, k において $(\alpha\beta\gamma)_{ijk} = 0$ かつ $(\alpha\beta)_{ij} = (\alpha\gamma)_{ik} = (\beta\gamma)_{jk} = 0$ としたモデルでは，A，B，C は互いに独立である．

階層的モデルでは，モデルがもつ主効果項あるいは交互作用項で，極大な項をリストアップできる．フルモデル (3.7) 式では 3 因子交互作用が存在しているので，これより低次のすべての項がある．よって $(\alpha\beta\gamma)_{ijk}$ が極大項である．これを ABC と表す．① の条件付き独立では，2 つの交互作用項 $(\alpha\gamma)_{ik}$，$(\beta\gamma)_{jk}$ があり，3 つの主効果の文字 (あるいは添え字) はこの 2 つの項の中にあるので，

極大項はこの2つである。これを AC/BC と書くことにする。このような極大項の集合を**生成集合**という。②の生成集合は A/BC で，③の生成集合は $A/B/C$ である。

3.3.3 パラメータ推定

まず，(3.7) 式のフルモデルでの最尤推定値を導こう。$A_i B_j C_k$ のセルに属する観測度数を n_{ijk} とすれば，n_{ijk} の同時分布は多項分布であるから，尤度は多項係数の部分を除いて

$$L(p) = \prod_{i=1}^{a} \prod_{j=1}^{b} \prod_{k=1}^{c} p_{ijk}^{n_{ijk}} \tag{3.8}$$

であるから，これを

$$\sum_{i=1}^{a} \sum_{j=1}^{b} \sum_{k=1}^{c} p_{ijk} = 1$$

の制約のもとで最大化すればよい。これには，1.3節と同様にラグランジュの未定乗数法を用いればよく，その結果は

$$\hat{p}_{ijk} = \frac{n_{ijk}}{n}$$

と観測された相対度数になる。また，期待度数は

$$m_{ijk} = n_{ijk} \tag{3.9}$$

と観測度数そのものになる。これは次のように拡張される。

○**定理 3.3**

モデルで制約されていない周辺確率の最尤推定値は観測された周辺相対度数に一致し，その期待度数は観測された周辺度数に一致する。

この定理3.3を用いることで，3.3.1項で与えた3つのモデル①，②，③での，パラメータの最尤推定値が機械的に導ける。

① 条件付き独立

$$p_{ijk} = \frac{p_{i+k} p_{+jk}}{p_{++k}}$$

において，右辺の p_{i+k}，p_{+jk} および p_{++k} については制約がないので，最尤推定値はそれぞれ

$$\hat{p}_{i+k} = \frac{n_{i+k}}{n}, \quad \hat{p}_{+jk} = \frac{n_{+jk}}{n}, \quad \hat{p}_{++k} = \frac{n_{++k}}{n}$$

となる．これを上のモデル式の右辺に代入すれば，p_{ijk} の最尤推定値は

$$\hat{p}_{ijk} = \frac{n_{i+k} n_{+jk}}{n_{++k} n}$$

となる．期待度数はこれに総度数 n を乗じた

$$m_{ijk} = \frac{n_{i+k} n_{+jk}}{n_{++k}} \tag{3.10}$$

で与えられる．

部分独立，互いに独立の期待度数においても，同じ理屈で

② 部分独立

$$m_{ijk} = \frac{n_{i++} n_{+jk}}{n} \tag{3.11}$$

③ 互いに独立

$$m_{ijk} = \frac{n_{i++} n_{+j+} n_{++k}}{n^2} \tag{3.12}$$

となる．

3.3.4 尤度比検定統計量

n_{ijk} の同時分布は (3.8) 式であるから，フルモデルでの最大尤度は，p_{ijk} に最尤推定値を代入した

$$L^{(1)}(\hat{p}) = \prod_{i=1}^{a} \prod_{j=1}^{b} \prod_{k=1}^{c} \left(\frac{n_{ijk}}{n} \right)^{n_{ijk}} \tag{3.13}$$

である．尤度の上付き添え字の 1 は対立仮説 H_1 を意味する．

一方，帰無仮説に 3.3.1 項で与えたモデル①，②，③ のいずれかを設定した場

合，そこでの最大尤度は，そのモデルのもとでの期待度数 m_{ijk} を用いて

$$L^{(0)}(\hat{p}) = \prod_{i=1}^{a} \prod_{j=1}^{b} \prod_{k=1}^{c} \left(\frac{m_{ijk}}{n}\right)^{n_{ijk}} \tag{3.14}$$

となる．上付き添え字の 0 は帰無仮説 H_0 を意味する．これより尤度比は

$$\Lambda = \prod_{i=1}^{a} \prod_{j=1}^{b} \prod_{k=1}^{c} \left(\frac{n_{ijk}}{m_{ijk}}\right)^{n_{ijk}} \tag{3.15}$$

となり，この対数の 2 倍の量

$$2\log\Lambda = 2\sum_{i=1}^{a} \sum_{j=1}^{b} \sum_{k=1}^{c} n_{ijk} \log \frac{n_{ijk}}{m_{ijk}} \tag{3.16}$$

が漸近的に χ^2 分布に従う．ここで自由度は，フルモデルと仮説モデルでのパラメータ数の差であり，これは帰無仮説において対数線形モデルで 0 とおいたパラメータ数で勘定するとわかりやすい．モデル① では $(\alpha\beta\gamma)_{ijk} = 0$ かつ $(\alpha\beta)_{ij} = 0$ だから

$$(a-1)(b-1)(c-1) + (a-1)(b-1) = (a-1)(b-1)c$$

となる．

例 3.2　尤度比検定の計算例

表 3.2 での三元分割表で，項目 A をシートベルトの着用の有無，項目 B を生死，項目 C を性別としたときに，条件付き独立を帰無仮説にした尤度比検定を行ってみよう．まず，帰無仮説のもとでの期待度数を (3.10) 式にもとづき求めると，表 3.5 を得る．

表 3.5　条件付き独立としたときの期待度数

	男性			女性		
	生存	死亡	計	生存	死亡	計
着用	18.46	11.54	30	30.83	69.17	100
非着用	61.54	38.46	100	6.17	13.83	20

これと表 3.2 の観測度数をもとに (3.16) 式を計算すると

$$2 \times \left(25 \log \frac{25}{18.46} + 5 \log \frac{5}{11.54} + \cdots + 17 \log \frac{17}{13.83} \right)$$

$$= 2 \times (7.58 - 4.18 - \cdots + 3.51) = 11.72$$

となり，自由度は 2 なので高度に有意である．ただし，この検定の対立仮説は帰無仮説の否定なので，この検定でシートベルト着用の有効性がただちに示されるわけではない．この数値例では，例 3.1 でみたように，マンテル・ヘンツェル検定を行うのが上筋である．

モデル② での自由度は，$(\alpha\beta\gamma)_{ijk} = 0$ かつ $(\alpha\beta)_{ij} = (\alpha\gamma)_{ik} = 0$ だから

$$(a-1)(b-1)(c-1) + (a-1)(b-1) + (a-1)(c-1) = (a-1)(bc-1)$$

となる．さらにモデル③ では，$(\alpha\beta\gamma)_{ijk} = 0$ かつ $(\alpha\beta)_{ij} = (\alpha\gamma)_{ik} = (\beta\gamma)_{jk} = 0$ だから

$$(a-1)(b-1)(c-1) + (a-1)(b-1) + (a-1)(c-1) + (b-1)(c-1)$$

$$= abc - a - b - c + 2$$

となる．

3.4 正 確 検 定

二元分割表について 1.4 節で考えた正確検定は，三元分割表についても同様に考えることができる．すなわち，モデルのもとでの十分統計量を固定した条件付き分布を $p(\boldsymbol{n})$ と書けば，観測値 $\boldsymbol{n}^o$ に対する一般化フィッシャー正確検定の条件付き p 値は (1.28) 式となり，検定関数 $g(\boldsymbol{n})$ にもとづく正確検定の条件付き p 値は (1.29) 式となる．ただし，それぞれの式における $\mathcal{F}(\boldsymbol{n}^o)$ は，観測値と十分統計量の値が等しい三元分割表の集合である．前節で求めた 3 通りのモデルに対する条件付き分布は以下のようになる．

1) 条件付き独立モデル AC/BC

$$p(\boldsymbol{n}) = \frac{\left(\prod_{i,k} n_{i+k}! \right) \left(\prod_{j,k} n_{+jk}! \right)}{\prod_{k} n_{++k}!} \prod_{i,j,k} \frac{1}{n_{ijk}!}$$

$$\mathcal{F}(\boldsymbol{n}^o) = \{ \boldsymbol{n} = \{n_{ijk}\} : n_{i+k} = n_{i+k}^o, \ n_{+jk} = n_{+jk}^o \}$$

3.4 正確検定

2) 部分独立モデル A/BC

$$p(\boldsymbol{n}) = \frac{\left(\prod_i n_{i++}!\right)\left(\prod_{j,k} n_{+jk}!\right)}{n!} \prod_{i,j,k} \frac{1}{n_{ijk}!}$$

$$\mathcal{F}(\boldsymbol{n}^o) = \{\boldsymbol{n} = \{n_{ijk}\} \ : \ n_{i++} = n^o_{i++}, \ n_{+jk} = n^o_{+jk}\}$$

3) 互いに独立モデル $A/B/C$

$$p(\boldsymbol{n}) = \frac{\left(\prod_i n_{i++}!\right)\left(\prod_j n_{+j+}!\right)\left(\prod_k n_{++k}!\right)}{(n!)^2} \prod_{i,j,k} \frac{1}{n_{ijk}!}$$

$$\mathcal{F}(\boldsymbol{n}^o) = \{\boldsymbol{n} = \{n_{ijk}\} \ : \ n_{i++} = n^o_{i++}, \ n_{+j+} = n^o_{+j+}, \ n_{++k} = n^o_{++k}\}$$

例 3.3 表 3.2 に対する正確検定

例 3.2 で行った，表 3.2 の三元分割表に対する条件付き独立モデルの正確検定を行う．条件付き分布は

$$p(\boldsymbol{n}) = \frac{(30! \cdot 100! \cdot 80! \cdot 50!)(100! \cdot 20! \cdot 37! \cdot 83!)}{130! \cdot 120!} \prod_{i=1}^{2}\prod_{j=1}^{2}\prod_{k=1}^{2} \frac{1}{n_{ijk}!}$$

であり，この条件付き分布の台は観測値 $\boldsymbol{n}^o$ と十分統計量 $\{n_{i+k}\}, \{n_{+jk}\}$ が等しいすべての $2 \times 2 \times 2$ 分割表

$$\mathcal{F}(\boldsymbol{n}^o) = \left\{ \begin{array}{ccc|c} \boxed{\begin{array}{cc} n_{111} & n_{112} \\ n_{121} & n_{122} \end{array}} & \begin{array}{c} 30 \\ 100 \end{array} & \boxed{\begin{array}{cc} n_{211} & n_{212} \\ n_{221} & n_{222} \end{array}} & \begin{array}{c} 100 \\ 20 \end{array} \\ \end{array} \right\}$$

である．$0 \leq n_{111} \leq 30,\ 17 \leq n_{211} \leq 37$ に注意すれば，$\mathcal{F}(\boldsymbol{n}^o)$ の元は $31 \times 21 = 651$ 個であることがわかる．この 651 個の元のうち，生起確率 $p(\boldsymbol{n})$ が観測値 $p(\boldsymbol{n}^o)$ 以下になるものは 503 個あり，それらについて，$p(\boldsymbol{n})$ を足し合わせれば，一般化フィッシャー正確検定の p 値は 0.004074643 となる．また，$\mathcal{F}(\boldsymbol{n}^o)$ の 651 個の元のうち，尤度比検定統計量の値が例 3.2 で計算した 11.72 以上となるものは 499 個あり，それらについて $p(\boldsymbol{n})$ を足し合わせれば，尤度比検定の正確な p 値は 0.003653112 となる．

4

グラフィカルモデルによる多元分割表解析

4.1　グラフィカルモデルとは

4.1.1　多元分割表を読む

　質問紙調査では各質問項目に対して「はい・いいえ」の2値質的反応を測定することが多い．いま，それぞれ2つのカテゴリーの4つの項目 A, B, C, D があるとする．全部で $n = 200$ 人の回答者が各項目に回答した結果は表 4.1 のような多元分割表にまとめることができる．表 4.1 では，すべての項目で第1カテゴリーに回答した人が 36 人いることを示している．他のところも同様である．生データを多元分割表にまとめると，どの回答者がどう回答したかという情報は失われるが，項目間の関連に関する情報は失われていない．

表 4.1　四元分割表の数値例

		C_1		C_2	
		D_1	D_2	D_1	D_2
A_1	B_1	36	8	32	5
	B_2	18	4	16	3
A_2	B_1	6	22	8	24
	B_2	4	6	4	4

　さて，この四元分割表はきわめて単純な構造を有しているのだが，それを読み取るのはかなり難しいのではないだろうか．多元分割表で各項目のカテゴリーの組合せから定まる場所をセルと呼ぶ．項目の数が多くなるとセルの数が急増する．たとえば項目数が8つあると，すべてのカテゴリー数が最小の2でも，セルの数は 256 になる．すると，度数が0とか1のセルが散見されるようにな

4.1 グラフィカルモデルとは　　　　77

る．よって，多元分割表から項目間の関連の特徴をずばり読み取るのは，たい
へん難しい．

4.1.2　バート表

　各セルでの度数をある程度確保し関連状況を把握するには，いくつかの項目
だけを取り出し，他の項目について和をとった周辺分割表を作成するのが有効
である．この作業を**併合**という．2つの項目を取り出せば二元分割表にまとめ
ることができる．すべての項目対についてこれを行った結果をまとめたものを
バート表 (あるいは**多重クロス表**) という．表 4.1 に対するバート表が表 4.2 で
ある．

　バート表は相関行列と同様に対称行列なので，左下のみを表示する．対角線
上に位置する項目自身の二元表は，各カテゴリーの度数を示すいわゆる単純集
計である．異なる項目からなる 2×2 分割表がいわゆるクロス集計に相当する．
項目 A と D の間に強い関連があることが観察される．このことを意識して，も
との四元分割表を見直せば，当然ながらその傾向が確認できる．このようにバー
ト表は 2 つの項目間の関連を把握するのに有効である．

　ところが，ここで多元分割表固有の問題が発生する．多元分割表をむやみに
併合して周辺分割表にまとめ，そこでの関連を結論にすると，とんでもない誤
りを犯す恐れがある．それが 3.1 節に述べたシンプソンのパラドックスである．

　多元分割表をいくつかの周辺分割表に併合する作業はとても大事なことであ

表 4.2　バート表の数値例 (表 4.1 に対応)

	A_1	A_2	B_1	B_2	C_1	C_2	D_1	D_2
A_1	122	0						
A_2	0	78						
B_1	81	60	141	0				
B_2	41	18	0	59				
C_1	66	38	72	32	104	0		
C_2	56	40	69	27	0	96		
D_1	102	22	82	42	64	60	124	0
D_2	20	56	59	17	40	36	0	76

るけれども，併合してよい場合といけない場合がある．それをもとの四元分割表から識別しなければいけない．

4.1.3 グラフィカルモデリングの出力

そのような識別を行って，かつ，項目間の関連状況をコンパクトにまとめた数枚の周辺分割表を提示してくれるのが，多元分割表におけるグラフィカルモデリングの仕事である．本章の標題にあるグラフィカルモデルをデータに当てはめる統計的作業がグラフィカルモデリングである．

入力するのは多元分割表である．あるいはその生データになっている個体 × 質的変数の項目カテゴリー型データでもよい．表 4.1 の場合，図 4.1 で表される無向グラフが出力される．

この無向グラフの見方は至って簡単である．A と D，B と D は直接，辺で結ばれているので，直接的な関連がある．A と B は直接，辺で結ばれていないが，D を介して連結している (道がつながっている)．これは，A と B は関連があるものの D を与えたときに A と B が条件付き独立であることを意味している．一方，項目 C はいずれの項目とも辺で結ばれておらず，孤立した状態にある．このことは，項目 C が (A, B, D) と独立であることを意味する．さらに，この非連結状態はさらに強い性質が成り立っている．それは，C と (A, B, D) の間で，任意の条件付き独立性が成り立っていることである．たとえば，$A \perp\!\!\!\perp C | (B, D)$ や $B \perp\!\!\!\perp C | A$ などが成り立つ．このようにグラフィカルモデルでの無向グラフは，独立性・条件付き独立性を表現しているので，**無向独立グラフ**と呼ばれる．

さて，図 4.1 の無向独立グラフは，四元分割表をどのような周辺分割表に併合すればよいかを示唆している．これは無向グラフのクリークに対応する．すべての頂点間が辺で結ばれているとき，そのグラフは完全であるという．頂点のある部分集合において，それらの頂点で構成される部分グラフが完全で，その部分集合に他のどの頂点を追加しても完全にならないとき，その部分集合をク

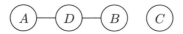

図 **4.1** 表 4.1 の四元分割表に対する無向独立グラフ

リークという. 図 4.1 のクリークは $\{A, D\}$, $\{B, D\}$, $\{C\}$ である. これより, 図 4.1 のモデルのもとでは, A と D の二元表, B と D の二元表, および C の一元表 (単純集計) に併合できることが示唆される. すなわち, これらの周辺分割表がこのモデルのもとでの十分統計量になる.

この項の最後に, このグラフィカルモデルのデータへの適合性を確認しよう. それには, このモデルのもとでの各セルでの期待度数を計算するのが直接的である.

これを求めた結果が表 4.3 である.

表 4.3　図 4.1 のモデルでの期待度数 (表 4.1 に対応)

		C_1		C_2	
		D_1	D_2	D_1	D_2
A_1	B_1	35.07	8.07	32.38	7.45
	B_2	17.97	2.33	16.58	2.15
A_2	B_1	7.57	22.61	6.98	20.87
	B_2	3.87	6.51	3.58	6.01

各セルで, 期待度数が観測度数に近い値になっていることが観察される. この期待度数から作成した A と D の二元表, B と D の二元表, および C の一元表がバート表でのそれに一致することを確かめられたい. 期待度数と観測度数のズレ具合を総合的かつ定量的に評価するために, 尤度比検定から導かれる逸脱度 dev を算出すると (4.3.5 項参照), その値は 4.07 となり, 自由度 df は 9 で, p 値は 0.9069 となる.

無向独立グラフの求め方や期待度数の求め方については, 次節以降で説明する. ここでは, グラフィカルモデルによる多元分割表解析のおおまかな流れをつかんでいただければよい.

4.1.4　グラフィカルモデル
3.3 節で階層的対数線形モデルを紹介した. ここでは, 順序が前後したが, グラフィカルモデルの定義を与えよう.

定義 4.1 *グラフィカルモデル*

与えられた無向グラフに対して，グラフのクリークの集合が生成集合となる階層的対数線形モデルをグラフィカルモデルという．

完全グラフに対応するフルモデルはグラフィカルモデルである．フルモデル以外のグラフィカルモデルは，つねに何らかの独立性・条件付き独立性が成り立っている．

また，グラフィカルモデルでは，確率変数 $X_1, X_2, \ldots, X_p$ の同時分布が因数分解される．頂点集合が $V = \{X_1, X_2, \ldots, X_p\}$ の無向グラフ G に対して，すべてのクリークの集合を

$$C = \{c_1, c_2, \ldots, c_q\}$$

とする．クリーク c_j に含まれる変数だけを要素にするベクトルを $\boldsymbol{X}_{c_j}$ とする．

○**定理 4.1** (グラフ G に従う因数分解性)

頂点集合が $V = \{X_1, X_2, \ldots, X_p\}$ の無向グラフ G が与えられている．このとき，G に対応するグラフィカルモデルでは，$X_1, X_2, \ldots, X_p$ の同時確率関数が，クリークの集合 C に従って

$$p(x_1, x_2, \ldots, x_p) = \prod_{c_j \in C} g_j(\boldsymbol{x}_{c_j}) \tag{4.1}$$

と因数分解されている．

例として図 4.2 に示す $p = 5$ の無向グラフに対応するグラフィカルモデルでは

$$p(x_1, x_2, \ldots, x_5) = g_1(x_1, x_2, x_3)g_2(x_3, x_4, x_5)$$

と因数分解されている．

誤解しやすい例として，三元分割表での対数線形モデルとして

$$\log p_{ijk} = \mu + \alpha_i + \beta_j + \gamma_k + (\alpha\beta)_{ij} + (\alpha\gamma)_{ik} + (\beta\gamma)_{jk} \tag{4.2}$$

を考えよう．このモデルでは，いかなる独立性・条件付き独立性も成り立っておらず，生成集合は $AB/AC/BC$ であるから，対応する無向グラフは以下のよ

4.1 グラフィカルモデルとは

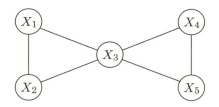

図 4.2 $p=5$ の無向グラフの例

うな完全グラフと思える．

しかし，これは誤りである．完全グラフのクリークは $\{A,B,C\}$ であるから，対応するグラフィカルモデルは

$$\log p_{ijk} = \mu + \alpha_i + \beta_j + \gamma_k + (\alpha\beta)_{ij} + (\alpha\gamma)_{ik} + (\beta\gamma)_{jk} + (\alpha\beta\gamma)_{ijk} \tag{4.3}$$

というフルモデルである．(4.2) 式のモデルは階層的対数線形モデルであるけれども，グラフィカルモデルではない．ただし，(4.2) 式のモデルが無意味ということではない．実際，3 因子交互作用のない (4.2) 式のモデルは非常に意味のあるモデルである．これについては第 7 章で詳しく述べる．

次に無向独立グラフで成立している独立性・条件付き独立性について述べる．そのために，いくつかのグラフ用語を定める．辺のつながりを道という．頂点 A と B を結ぶ道があるとき，A と B は連結しているという．頂点 A と B を結ぶ任意の道が頂点集合 s のある要素を含むとき，s は A と B を分離しているという．また，頂点集合 a, b において，任意の $A \in a$ と $B \in b$ を結ぶすべての道が s のある要素を含むとき，s は a と b を分離しているという．

○定理 4.2 (連結していない変数間の独立性と条件付き独立性)

無向独立グラフで頂点 A と B が連結していなければ，A と B は独立，かつ，他の任意の変数を与えたときに条件付き独立である．

○定理 **4.3** (分離定理)

無向独立グラフで頂点集合 a と b を頂点集合 s が分離していれば，a と b は s を与えたもとで条件付き独立である．

図 4.2 の無向独立グラフでは

$$\{X_1, X_2\} \perp\!\!\!\perp \{X_4, X_5\}|X_3$$

が成立している．

4.2 　分解可能モデル

4.2.1 　無向グラフの分解可能性

無向独立グラフで，次に述べる構造をもったモデルは，解釈のしやすさ，パラメータ推定のしやすさ，といった点で，たいへん好ましい性質をもっている．

定義 4.2 無向グラフの分解

無向グラフの頂点集合 V が，次の 2 つの条件を満たすように，互いに排反な集合 a, b, s に分割 ($V = a \cup b \cup s$) されるとき，無向グラフは (a, b, s) に分解されるという．

1）s は a と b を分離する．
2）s は完全である．

なお，ここで s が空であることを許す．それは a と b が連結していないことを意味する．

定義 4.3 無向グラフの分解可能性

無向グラフが次の 1），2) のいずれかを満たすとき，分解可能であるという．

1）完全グラフである．
2）ある (a, b, s) に分解され，かつ，頂点集合が $a \cup s$，$b \cup s$ の部分グラフがそれぞれ分解可能である．

この定義の 2) は逐次的定義であり，最終的には 1) で決着する．よって，与

えられたグラフの分解可能性の判定は必ずしも容易ではない．幸いにして，無向グラフが分解可能であるか否かを判定するには，きわめてスマートなルールが存在する．それを与えるため，若干のグラフ用語を追加する．

長さ n の道 $A_0, A_1, \ldots, A_n$ で $A_0 = A_n$ を許したものを，長さ n の閉路という．長さ n の閉路 $A_0, A_1, \ldots, A_n = A_0$ に対して，$|j - k| \neq 1$ なる辺 (A_j, A_k)，すなわち，閉路において連続していない頂点を結ぶ辺を弦という．図 4.3(a) では，閉路 1,2,3,4,1 において，(2,4) が弦である．一方，図 4.3(b) では，閉路 1,2,3,4,1 に対して，弦はない．

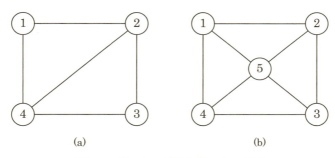

図 4.3　弦のある閉路と弦のない閉路

長さ 4 以上の弦のない閉路が存在しないグラフは三角化しているという．図 4.3(a) は三角化している．それに対して，図 4.3(b) は三角化していない．(b) はすべて三角形からできているようにみえるけれども，頂点 5 を紙面に垂直に移動することで，長さ 4 の弦のない閉路 1,2,3,4,1 が顕在化する．

○定理 4.4 (分解可能性と三角化の同等性)
　無向グラフが分解可能であるための必要十分条件は，そのグラフが三角化していることである．

4.2.2　分解可能モデルの定義

さて，グラフィカルモデルにおいて，対応する無向独立グラフが分解可能になるものを分解可能モデルという．すなわち，

階層的対数線形モデル ⊃ グラフィカルモデル ⊃ 分解可能モデル

という関係にある．歴史的には，分解可能モデルは，多元分割表の階層的対数線形モデルにおいて，グラフィカルモデルよりも以前に考えられていたクラスである．ここでは，分解可能モデルのもともとの定義からみていこう．

定義 4.4 分解可能モデル

階層的対数線形モデルにおいて，生成集合の要素 $a_1, a_2, \ldots, a_k$ が，添え字を適当に並べ替えることで

$$a_t \cap (a_1 \cup \cdots \cup a_{t-1}) = a_t \cap a_r$$

ここで r は，$1, 2, \ldots, t-1$ のいずれかの値

を，$t = 2, \ldots, k$ のすべてで満たすとき，そのモデルを分解可能モデルという．

ここで2つのことに注意する．1つは，上の条件を満たすような添え字の付け方は一意でないことである．もう1つは，r は t に依存することである．さらに，この定義がグラフ用語を用いずになされていることである．しかし，この定義の意味を理解するには，グラフを用いるのがよい．

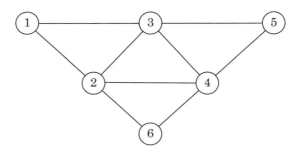

図 4.4 分解可能なモデルの例

図 4.4 を考えよう．グラフィカルモデルでは，生成集合はクリークの集合に対応している．図 4.4 のクリークは

$$c_1 = \{1, 2, 3\}, \quad c_2 = \{2, 3, 4\}, \quad c_3 = \{3, 4, 5\}, \quad c_4 = \{2, 4, 6\}$$

であるから，これをそのまま生成集合の要素

$$a_1 = \{1, 2, 3\}, \quad a_2 = \{2, 3, 4\}, \quad a_3 = \{3, 4, 5\}, \quad a_4 = \{2, 4, 6\}$$

に対応させてみる．このとき

$$a_4 \cap (a_1 \cup a_2 \cup a_3) = a_4 \cap a_2$$

$$a_3 \cap (a_1 \cup a_2) = a_3 \cap a_2 \text{ および } a_2 \cap a_1 = a_2 \cap a_1$$

が成立しているから，分解可能モデルである．

一方，図 4.3(b) の長さ 4 の弦のない閉路がある無向グラフでは

$$c_1 = \{1, 2, 5\}, \quad c_2 = \{2, 3, 5\} \quad c_3 = \{3, 4, 5\}, \quad c_4 = \{1, 4, 5\}$$

と 4 つのクリークがある．このとき，どのクリークを要素 a_4 にとっても

$$a_4 \cap (a_1 \cup a_2 \cup a_3) = a_4 \cap a_r$$

となる a_r は存在しない．すなわち，どのクリークも他の 2 つ以上のクリークと共通部分をもっている．

図 4.3 や図 4.4 のように比較的小さいグラフであれば，このように簡単に判定できる．しかし，大規模で複雑なグラフにおいて，定義の条件から判定するのはたいへんである．分解可能モデルであることを示すには，条件の満たす順序付け $a_1, a_2, \ldots, a_k$ を 1 つ与えればよいから，比較的容易である．それに対して，分解可能モデルでないことを示すには，そのような順序付けが存在しないことを立証しなければならない．幸いにしてグラフィカルモデルの出現により，分解可能であるかどうかの判定はきわめて簡単に行えるようになったのである．

○定理 **4.5** (分解可能モデルの必要十分条件)

与えられた無向グラフを無向独立グラフとするグラフィカルモデルが分解可能モデルであるための必要十分条件は，その無向グラフが三角化していること，すなわち弦のない長さ 4 以上の閉路がないことである．

4.2.3　分解可能モデルの解釈しやすさ

分解可能モデルは，背後に有向独立グラフさらには因果ダイアグラムを想定

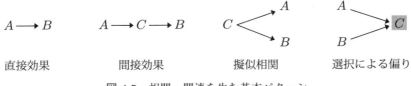

直接効果　　　　間接効果　　　　擬似相関　　　選択による偏り

図 4.5　相関・関連を生む基本パターン

することができる．一般に変数間の相関・関連の背後には因果関係がある．パス解析の言葉でいうと直接効果，間接効果，擬似相関である．図 4.5 に変数 A と B の相関・関連を生む基本パターンを示した．

間接効果と擬似相関では，$A \perp\!\!\!\perp B|C$ という条件付き独立関係が成立している．また，選択による偏りで，C を網掛けにしているのは，C を条件として与えていることを意味し，本来，無相関である A と B の間に相関が生じることをいっている．

いま，図 4.6(a) の分解可能モデルがデータによく当てはまっているとしよう．すると，その背後に図 4.6(b) に示すような有向独立グラフを想定することができる．もちろん，これは一意に定まるものではなく，変数間の順序関係を考慮した上で決めるものである．

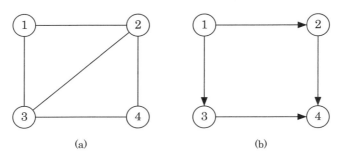

図 4.6　分解可能モデルと背後に想定した有向独立グラフ

これに対して，分解可能でないグラフィカルモデルは，背後に有向独立グラフを想定できない．たとえば，図 4.7(a) に示す無向独立グラフは，長さが 4 の弦のない閉路であるから，分解可能モデルでない．この背後にある有向独立グラフは図 4.7(b) ではない．なぜならば，図 4.5 に示した「選択による偏り」か

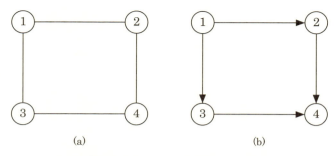

図 4.7 分解可能でないモデルと誤った有向独立グラフ

ら,頂点 4 を与えると頂点 2 と 3 は関連をもち,図 4.7(b) に対応する無向独立グラフは図 4.6(a) になるからである.

つまり,無向独立グラフが図 4.7(a) になるような有向独立グラフは存在しない.このように分解可能でないグラフィカルモデルは解釈が困難になることが多い.

4.3　パラメータ推定と適合度の指標

4.3.1　p 次元分割表への拡張

既に 3.3 節で三元分割表におけるフルモデル,条件付き独立,部分独立,および互いに独立の場合でのパラメータ推定を論じた.一般の p 次元になっても,この線でいける.図 4.8 に挙げた五元の場合の例で考えよう.

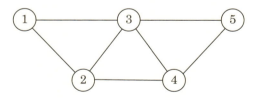

図 4.8　五元分割表の無向独立グラフ

5 つの項目の同時分布を $p(1,2,3,4,5)$ と書こう.すると因数分解性より,図 4.8 はそれが

$$p(1,2,3,4,5) = g(1,2,3)h(2,3,4)k(3,4,5)$$

と分解されることを主張している.

一方,定理 4.3 の分離定理より,$(1,2) \perp\!\!\!\perp 5|(3,4)$ が成立しているとともに,$2 \perp\!\!\!\perp 5|(3,4)$ が成立している.前者は同時分布 $p(1,2,3,4,5)$ での性質であり,後者は項目 2,3,4,5 の周辺分布 $p(2,3,4,5)$ における性質であることに注意する.その周辺分布において,$2 \perp\!\!\!\perp 5|(3,4)$ は,(3.4) 式の関係より

$$p(2,3,4,5) = \frac{p(2,3,4)p(3,4,5)}{p(3,4)} \tag{4.4}$$

の分解を与える.他方,$1 \perp\!\!\!\perp (4,5)|(2,3)$ も成立しているので

$$p(1,2,3,4,5) = \frac{p(1,2,3)p(2,3,4,5)}{p(2,3)} \tag{4.5}$$

となる.そこで,(4.5) 式右辺分子の $p(2,3,4,5)$ に (4.4) 式を代入すれば

$$p(1,2,3,4,5) = \frac{p(1,2,3)p(2,3,4)p(3,4,5)}{p(2,3)p(3,4)} \tag{4.6}$$

を得る.ここで,(4.6) 式右辺に注目してほしい.分子の周辺分布はいずれも,クリークをなす項目の同時分布になっている.それに対して分母は,隣接するクリークの共通部分の同時分布である.これらの周辺分布の推定において,鍵となる性質は定理 3.3 で,これはグラフィカルモデルでは,次のように拡張される.

○定理 **4.6**

無向独立グラフの任意のクリークに対して,クリークをなす項目集合 a の同時分布 p_a の最尤推定値は

$$\hat{p}_a = \frac{n_a}{n} \tag{4.7}$$

で与えられる.ここで n_a は項目集合 a での観測周辺度数である.

この定理によって,(4.6) 式の右辺に登場する周辺同時分布の最尤推定値は,対応する観測周辺度数を総度数で割って求められる.(4.5) 式のままではだめなことに注意してほしい.なぜなら (4.5) 式の右辺分子には $p(2,3,4,5)$ があり,$\{2,3,4,5\}$ はクリークでないから,定理 4.6 が適用されない.

4.3.2 表 4.1 に対する解析

ここで，この章の冒頭に挙げた四元分割表 (表 4.1) でのパラメータ推定について述べておこう．得られた無向独立グラフは図 4.1 であったから，クリークは $\{A, D\}$, $\{B, D\}$, $\{C\}$ である．よって 4 つの項目の同時分布は

$$p(A_i B_j C_k D_l) = \frac{p(A_i D_l) p(B_j D_l)}{p(D_l)} p(C_k)$$

と分解される．右辺にある周辺分布はいずれもバート表から推定できる．たとえば，$A_1 B_1 C_1 D_1$ の同時確率は

$$\hat{p}(A_1 D_1) = \frac{102}{200}, \quad \hat{p}(B_1 D_1) = \frac{82}{200}, \quad \hat{p}(D_1) = \frac{124}{200}, \quad \hat{p}(C_1) = \frac{104}{200}$$

なので，

$$\hat{p}(A_1 B_1 C_1 D_1) = 0.175374$$

となる．これに総度数 200 を乗じた 35.07 が期待度数である．表 4.3 での値と一致していることを確認されたい．

4.3.3 バート表の限界

上に述べたように，表 4.1 で与えられた四元分割表の無向独立グラフが図 4.1 で，そこでのクリークは要素数が最大 2 であったため，バート表からパラメータ推定を行うことができた．一方，無向独立グラフが次の図 4.9 で与えられる場合，クリークは $\{A, B, D\}$, $\{C, D\}$ であるから，項目 A, B, D の三元分割表が不可欠である．

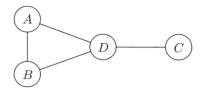

図 4.9　クリークの最大要素数が 3 の無向独立グラフ

表 4.4 に示す 3 項目でのバート表を考えよう．3 つの項目において，対ごとにはいずれも関連がある．その強さは A と B が最も強く，A と C が 2 番目で，

90   4. グラフィカルモデルによる多元分割表解析

表 4.4 3 項目のバート表の数値例

	A_1	A_2	B_1	B_2	C_1	C_2
A_1	50	0				
A_2	0	50				
B_1	40	10	50	0		
B_2	10	40	0	50		
C_1	30	20	28	22	50	0
C_2	20	30	22	28	0	50

B と C が最も弱い. よって, 量的データの単相関と偏相関の関係と同様に, B と C の関連は, A と B の関連と A と C の関連から派生した可能性がある. もし, 派生したものならば, $B \perp\!\!\!\perp C|A$ というモデルが当てはまっているはずである. そのときのセル $A_iB_jC_k$ の期待度数は

$$m_{ijk} = \frac{n_{ij+} \times n_{i+k}}{n_{i++}}$$

で与えられる. 右辺の値は A と B の二元表と A と C の二元表から知ることができる. 実際に表 4.4 から求めてみると表 4.5 を得る.

表 4.5 $B \perp\!\!\!\perp C|A$ のもとでの期待度数 (表 4.4 に対応)

	A_1		A_2	
	C_1	C_2	C_1	C_2
B_1	24	16	4	6
B_2	6	4	16	24

　表 4.5 で 2 つのことを確認したい. 1 つは, $B \perp\!\!\!\perp C|A$ が確かに成立していること, すなわち, A_1 と A_2 のそれぞれで B と C が独立であることである. もう 1 つは, 表 4.5 から作られるバート表が表 4.4 であることである. よって, 表 4.4 からは $B \perp\!\!\!\perp C|A$ の関係が強く示唆される.

　ところが, ここで大きな問題が生じる. 表 4.5 以外の三元分割表にも表 4.4 のバート表を与える三元分割表が存在してしまうのである. そのような三元分割表を作成するのは容易である. 表 4.5 で $A_1B_1C_1$ の度数 24 を, すべての度数が負値にならない範囲で増減させ, 周辺度数が変わらないように他のセル度数を

4.3 パラメータ推定と適合度の指標　　　　　91

表 4.6　同一のバート表を与える三元分割表

	A_1		A_2	
	C_1	C_2	C_1	C_2
B_1	28	12	0	10
B_2	2	8	20	20

調整すればよい．一例として表 4.6 の三元分割表を得る．

　表 4.6 では，A_1 と A_2 のいずれにおいても B と C は独立でない．しかも A_1 では対角線上の度数が多いのに対して，A_2 では少ないというように，関連パターンが異なっている．実は，この状況が 3 因子交互作用のあるパターンで，対数線形モデルで $(\alpha\beta\gamma)_{ijk}$ が 0 でない場合である．三元分割表で何らかの条件付き独立性が成り立つには，$(\alpha\beta\gamma)_{ijk} = 0$ が前提であった．

　このように，質的変数の場合には，対ごとにみたバート表から条件付き独立関係を抽出することは不可能である．条件付き独立関係が成り立っていないことを主張することはできても，成り立っていることを積極的に主張することはできない．それゆえ，多元分割表としての解析が不可欠といえる．

4.3.4　完全因数分解性

　さて，ここで分解可能モデルのオリジナルの定義を思い出してほしい．分解可能モデルでは，生成集合の要素 $a_1, a_2, \ldots, a_k$ が，添え字を適当に並べ替えることで

$$a_t \cap (a_1 \cup \cdots \cup a_{t-1}) = a_t \cap a_r$$

ここで r は，$1, 2, \ldots, t-1$ のいずれかの値を，$t = 2, \ldots, k$ のすべてで満たしていた．よって，この条件を満たす $a_1, a_2, \ldots, a_k$ においては，$a_t \cap a_r = s_t$ とおけば，s_t が $a_t \cap s_t^c$ と $a_r \cap s_t^c$ を分離していることから，$(a_t \cap s_t^c) \perp\!\!\!\perp (a_r \cap s_t^c)|s_t$ が成立し，$a_t \cup a_r$ の周辺分布において

$$p(a_t \cup a_r) = \frac{p(a_t)p(a_r)}{p(s_t)}$$

の関係を得る．これを逐次的に行うことで

$$p(a_k \cup a_{k-1} \cup \cdots \cup a_1) = \frac{p(a_k)p(a_{k-1}) \cdots p(a_1)}{p(s_k)p(s_{k-1}) \cdots p(s_2)} \tag{4.8}$$

と，すべての項目の同時分布が，いくつかの周辺分布の積と商で表現されるのである．このような性質を完全因数分解性といい，分解可能モデルの 1 つの特徴付けである．この意味で，分解可能モデルは乗法モデルと呼ばれることもある．

理解をより深めるために，完全因数分解されない場合を考えよう．分解可能モデルは，無向独立グラフが三角化していることで特徴付けられた．三角化とは，弦のない長さ 4 以上の閉路がないことであるから，最も簡単な分解可能でないグラフィカルモデルは，図 4.7(a) に示した弦のない長さ 4 の閉路である．

まず，図 4.7(a) が定義 4.2 に与えた無向グラフの分解に抵触することを確認しよう．頂点集合を $a = \{1\}$，$b = \{4\}$，$s = \{2, 3\}$ に分割したとき，s は a と b を分離する．このとき，s は完全でない．s を完全にするような分割は存在しないことがわかる．

次に，定義 4.4 に抵触することを確認する．図 4.7(a) には

$$c_1 = \{1, 2\}, \quad c_2 = \{2, 4\}, \quad c_3 = \{3, 4\}, \quad c_4 = \{1, 3\}$$

と 4 つのクリークがある．このとき，どのクリークを要素 a_4 にとっても

$$a_4 \cap (a_1 \cup a_2 \cup a_3) = a_4 \cap a_r$$

となる a_r は存在しない．すなわち，どのクリークも他の 2 つのクリークと共通部分をもつ．

ところで，図 4.7(a) では $1 \perp\!\!\!\perp 3 | (2, 4)$ が成立しているから

$$p(1, 2, 3, 4) = \frac{p(1, 2, 4)p(2, 3, 4)}{p(2, 4)}$$

の関係を得る．しかし，この分解では同時に成立している $2 \perp\!\!\!\perp 4 | (1, 3)$ を表現していない．これを表現しようとすれば

$$p(1, 2, 3, 4) = \frac{p(1, 2, 3)p(1, 3, 4)}{p(1, 3)}$$

となり，今度は $1 \perp\!\!\!\perp 3 | (2, 4)$ を表現していない．もちろんグラフィカルモデルの定義であるグラフに従う因数分解性より，同時分布は

$$p(1, 2, 3, 4) = g_1(1, 2)g_2(2, 3)g_3(3, 4)g_4(1, 4)$$

と因数分解される．しかし，周辺分布の形に因数分解することはできないので

4.3 パラメータ推定と適合度の指標 93

ある．この意味で分解可能でないとき，同時分布は完全因数分解されないという．グラフィカルモデリングでは，なるべく分解可能モデルを選択することが望まれる．

4.3.5 適合度の指標

前節と同様に項目に $1, 2, \ldots, p$ の名をつける．項目 j で実現しているカテゴリーを i_j とすると，各項目で実現しているカテゴリーの組合せをベクトル

$$i = (i_1, i_2, \ldots, i_p)$$

で表現できる．

既に 3.3 節で三元分割表のもとでの尤度比検定統計量を導いているが，これを p 次元に拡張するのは容易である．i での観測度数を n_i，モデルのもとでの期待度数を m_i とすれば，尤度比の対数の 2 倍の量 (これを**逸脱度**という) は

$$2 \log \Lambda = 2 \sum_i n_i \log \frac{n_i}{m_i} \tag{4.9}$$

となる．ここに Σ は $n_i > 0$ となるすべての i についてとる．

モデルが真のとき，逸脱度は漸近的に χ^2 分布に従う．グラフィカルモデルでは，1 つの辺を除去するのに，複数のパラメータを 0 にしなければならない．自由度は，除去した辺の数でなく，対数線形表現したときにおいた交互作用項の数である．

冒頭の表 4.1 の四元分割表に対して図 4.1 の無向独立グラフを当てはめたときの逸脱度は，表 4.1 と表 4.3 の期待度数から求められ，

$$2 \log \Lambda = 2 \left[36 \log \frac{36}{35.07} + 8 \log \frac{8}{8.07} + \cdots + 4 \log \frac{4}{6.01} \right] = 4.07$$

となる．自由度は，1 つの 4 因子交互作用項と 4 つの 3 因子交互作用項および 4 つの 2 因子交互作用項をおいているので，$df = 9$ となる．p 値は 0.9069 である．

グラフィカルモデリングでは，採択するモデルが検定の帰無仮説になるため，検定の p 値が大きいときに，そのモデルを採択する．しかし，データがモデルに完全に適合していることはないので，データ数が多いと，帰無仮説は必然的

に棄却される．そこで，データ数に応じた採択する p 値の目安が必要である．筆者らの経験では，データ数が 100 程度のとき，p 値が 0.5 以上程度というのが採択の目安と考えている．

4.4 モデル選択過程

4.4.1 モデル選択の方針

グラフィカルモデリングでは，グラフィカルモデルに限定してモデル選択を行う．グラフィカルモデルは無向独立グラフによって一意に表現されるものであるから，グラフを通してモデル選択を進めればよい．

ここでは減少法を基本にモデル選択をしよう．減少法とは，グラフで考えた場合，すべての項目間に辺のある完全グラフから逐次，辺を取り除いていくものである．これに，過去に取り除いた辺を再度追加するかどうかを検討するステップを加えれば，必要最小限の機能を有することになる．そこでの問題は

- どのような辺を除去するか
- どのような辺を追加するか

という各ステップでの判定基準と

- どこでやめるか

という打ち切りルールである．

対数線形モデルでは，1 つの辺に対応するのは，1 つの 2 因子交互作用項とそれを含む，より高次の交互作用項すべてである．よって，どの辺を除去するかについては，逸脱度によらねばならない．すなわち，各ステップにおいては，除去する辺の候補を列挙し，それらのすべてに対して，それを除去したときの逸脱度を求める．このとき一般的には項目によってカテゴリー数が異なり，辺によって逸脱度の自由度が異なるので，逸脱度の大きさはその p 値で評価しなければならない．すなわち，p 値の最も大きな辺を除去する．追加についても，同様な処置をする．

4.4.2 表 4.1 に対するモデル選択

表 4.1 の四元分割表に対して，具体的にどのようにグラフィカルモデルを選択したかを説明する．4 項目の場合の対数線形モデルのフルモデルは

$$\log p_{ijkl} = \mu + \alpha_i + \beta_j + \gamma_k + \delta_l + (\alpha\beta)_{ij} + (\alpha\gamma)_{ik} + (\alpha\delta)_{il} + (\beta\gamma)_{jk} + (\beta\delta)_{jl}$$
$$+ (\gamma\delta)_{kl} + (\alpha\beta\gamma)_{ijk} + (\alpha\beta\delta)_{ijl} + (\alpha\gamma\delta)_{ikl} + (\beta\gamma\delta)_{jkl} + (\alpha\beta\gamma\delta)_{ijkl} \tag{4.10}$$

である. 表 4.1 では, すべてのカテゴリー数が 2 なので, 右辺各項の実質数はそれぞれ 1 である. 4 つの項目では変数対, すなわち 2 因子交互作用が 6 つあるので, そのうちのどれが 0 とおけるかを検討していく. また, これにともなって高次の交互作用も 0 とおく. 考えられる 6 つのケースのそれぞれについて, 逸脱度と p 値を計算し, それらをまとめると表 4.7 を得る.

表 4.7 フルモデル (4.10) からのモデル変更の検討

	削除する交互作用項	自由度	逸脱度	p 値
①	$(\alpha\beta)_{ij}, (\alpha\beta\gamma)_{ijk}, (\alpha\beta\delta)_{ijl}, (\alpha\beta\gamma\delta)_{ijkl}$	4	2.69	0.610
②	$(\alpha\gamma)_{ik}, (\alpha\beta\gamma)_{ijk}, (\alpha\gamma\delta)_{ikl}, (\alpha\beta\gamma\delta)_{ijkl}$	4	1.28	0.865
③	$(\alpha\delta)_{il}, (\alpha\beta\delta)_{ijl}, (\alpha\gamma\delta)_{ikl}, (\alpha\beta\gamma\delta)_{ijkl}$	4	64.25	0.000
④	$(\beta\gamma)_{jk}, (\alpha\beta\gamma)_{ijk}, (\beta\gamma\delta)_{jkl}, (\alpha\beta\gamma\delta)_{ijkl}$	4	0.63	0.960
⑤	$(\beta\delta)_{jl}, (\alpha\beta\delta)_{ijl}, (\beta\gamma\delta)_{jkl}, (\alpha\beta\gamma\delta)_{ijkl}$	4	3.09	0.543
⑥	$(\gamma\delta)_{kl}, (\alpha\gamma\delta)_{ikl}, (\beta\gamma\delta)_{jkl}, (\alpha\beta\gamma\delta)_{ijkl}$	4	0.66	0.957

まず, p 値の一番大きいケース④ を採用する. ケース④ で成立している条件付き独立性は $B \perp\!\!\!\perp C|(A, D)$ である. この要領で, 次にどの 2 因子交互作用を 0 とおけるかを検討していく. このような母数の減少法で, たどりついたモデルが図 4.1 であった. 図 4.1 に対応する対数線形モデルは

$$\log p_{ijkl} = \mu + \alpha_i + \beta_j + \gamma_k + \delta_l + (\alpha\delta)_{il} + (\beta\delta)_{jl}$$

である. フルモデルと比べれば, 1 つの 4 因子交互作用項, 4 つの 3 因子交互作用項, および 4 つの 2 因子交互作用項が消えている. 消えた母数の実質的個数は 9 であり, これが逸脱度の自由度となる.

4.4.3 単調性の原理

グラフィカルモデルでは, p 個の項目があると, 全部で $2^{p(p-1)/2}$ 通りのモデルが存在する. よって上記の計算をすべてのモデルについて行うのは不可能である.

96 　4. グラフィカルモデルによる多元分割表解析

探索するモデルの数を減らすのに，過去に様々な提案がなされている．その
1つに単調性の原理というものがある．これは次のような考え方である．

単調性の原理　　いま，ある階層的モデルがデータに適合しないと棄却され
たとき，そのモデルに含まれる (そのモデルのパラメータのある部分のみをもっ
ている) 階層的モデルは，やはり棄却されるべきである．逆に，ある階層的モ
デルがデータに適合するとして採択されたとき，そのモデルを含む (そのモデ
ルのパラメータをすべてもっている) 階層的モデルは，やはり採択されるべき
である．

この単調性の原理は一見自然なものに映るかもしれない．しかし，多くの統
計的方法はこれを満たさない．たとえば重回帰分析で，回帰平方和と残差平方
和から F 統計量を構成し，これをモデルの評価値とすることがある．このとき，
無駄な説明変数をもつことで，回帰平方和はほとんど増えないものの，残差平
方和の自由度が小さくなるので，F 値が減少することがある．すなわち，包含
関係にある2つの回帰モデルにおいて，パラメータの少ないモデルが有意なモ
デルとして支持される一方で，パラメータの多いモデルが有意にならないこと
がありうる．よって，この方法は単調性の原理を満たさない．

グラフィカルモデリングでは，可能なモデルの数が回帰分析の場合よりもは
るかに多いので，単調性の原理を採用することで，モデル選択は現実的な範囲
で行えるようになる．

5

モンテカルロ法の適用

5.1 モンテカルロ法の考え方

　本章では，1.4 節，3.4 節で正確検定を考えた条件付き検定の p 値を，モンテカルロ法により数値的に評価する手法を説明する．検定統計量 $T(\cdot)$ に対する検定

$$T(\boldsymbol{n}) \geq c \;\Rightarrow\; \mathrm{H}_0 \text{ を棄却}$$

の観測値 $\boldsymbol{n}^o$ に対する条件付き p 値は，正確検定では

$$p \text{ 値} = \sum_{\boldsymbol{n} \in \mathcal{F}(\boldsymbol{n}^o)} g(\boldsymbol{n}) p(\boldsymbol{n}) \tag{5.1}$$

であった．ここで

$$g(\boldsymbol{n}) = \begin{cases} 1, & T(\boldsymbol{n}) \geq T(\boldsymbol{n}^o) \\ 0, & \text{otherwise} \end{cases}$$

は検定関数であり，$p(\boldsymbol{n})$ は帰無仮説のもとでの条件付き確率関数で，

$$\mathcal{F}(\boldsymbol{n}^o) = \{\boldsymbol{n} : \boldsymbol{n} \text{ は十分統計量が } \boldsymbol{n}^o \text{ と等しい分割表}\} \tag{5.2}$$

は条件付き標本空間である．(5.1) 式に従い条件付き p 値が計算できるのであれば，それは条件付き p 値の正確な値であるから，漸近分布論にもとづく有意性の判定は不要である．逆に，サンプルサイズ n がある程度大きければ，漸近分布論の当てはまりがよいと考えられるから，χ^2 分布などの漸近分布にもとづき検定を行えばよい．そもそも，サンプルサイズ n がある程度大きい問題では，(5.2) 式の条件付き標本空間の要素数は膨大となり，正確検定を実行するのが困難であろう．問題となるのは，漸近分布論の当てはまりが不良であるようなサイズで，かつ，正確検定の実行が困難な場合である．そのような例が存在する

ことは古くから指摘されており，行和，列和がアンバランスな場合や，分割表が疎 (スパース) な場合が代表的である．アンバランスな場合やスパースな場合は，正確検定の実行が困難となるまで n を増やしても，漸近分布論の当てはまりが改善しない，ということが起こりうる．モンテカルロ法は，そのような場合に有効な手法となる．

モンテカルロ法の考え方はシンプルである．いま，$\mathcal{F}(\boldsymbol{n}^o)$ 上に，帰無分布 $p(\boldsymbol{n})$ からの標本 $\boldsymbol{n}_1, \ldots, \boldsymbol{n}_m$ を発生させる．このとき

$$\hat{p} = \frac{1}{m} \sum_{t=1}^{m} g(\boldsymbol{n}_t)$$

は条件付き p 値の不偏推定量となる．モンテカルロ法は，推定量の誤差の評価ができることが長所である．たとえば多くの場合，$p(\boldsymbol{n})$ からの標本は独立に得ることができ，その場合は 2 項分布の分散の式から $\hat{p}$ の分散を見積もることができる．それをもとに，$\hat{p}$ の近似的な信頼区間を構成することも容易である．5.3 節でみるように，マルコフ連鎖モンテカルロ法のような，$p(\boldsymbol{n})$ からの標本が相関をもつ場合についても，推定値の分散を見積もる方法が知られている．

モンテカルロ法で最も重要なのは，$p(\boldsymbol{n})$ に従う標本の生成方法である．これについては，分解可能モデルについては容易であり，5.2 節で説明する．5.3 節で説明する，マルコフ連鎖モンテカルロ法は，分解可能でないモデルについて効果的な方法である．

5.2 分解可能モデルからのサンプリング

帰無仮説が分解可能モデルのとき，対応する条件付き分布 $p(\boldsymbol{n})$ からの標本抽出の方法を考える．まず，行和，列和が固定された二元分割表からの標本抽出は，1.1.4 項で与えた多項超幾何分布からの標本抽出に他ならない．すなわち，1.1.4 項の議論において，a 種類に分類された個体の，種類 i の個体の数を n_{i+} $(i = 1, \ldots, a)$，これらを b 個の群にデタラメに分割するときの群 j のサイズを n_{+j} $(j = 1, \ldots, b)$ として，群 j に含まれる種類 i の個体の数を n_{ij} とすれば，$\{n_{ij}\}$ は，行和 $n_{1+}, \ldots, n_{a+}$，列和 $n_{+1}, \ldots, n_{+b}$ が与えられた多項超幾何分布からの標本となる．ここでは，個体の選択 (= 行の選択) と群の選択 (= 列の選択) が独立に行われていることが重要である．

例 5.1 表 1.5 に対する χ^2 適合度検定 (モンテカルロ法)

表 1.5 の，2 因子実験でのキズの数のデータについて，χ^2 適合度検定の条件付き p 値をモンテカルロ法で推定する．多項超幾何分布にもとづき，100000 個のサンプルを発生させ，それらの χ^2 適合度検定統計量を計算したところ，観測度数から計算される 4.624709 以上の値となったものは 33645 個であった．したがって，条件付き p 値の推定値は $\hat{p} = 0.33645$ となる．2 項分布の正規近似にもとづく $\hat{p}$ の近似的な 95% 信頼区間を求めると

$$0.33645 \pm 1.96 \sqrt{\frac{0.33645 \cdot 0.66355}{100000}} = 0.33645 \pm 0.0029$$

となるから，推定値の有効数字は 2 桁程度であり $\hat{p} = 0.34$ となる．

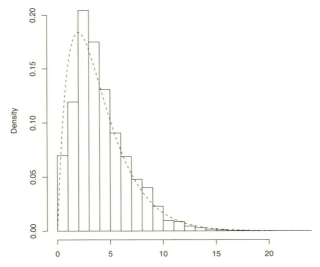

図 5.1 100000 個のモンテカルロ標本の χ^2 の値 (点線は漸近分布 χ^2_4)

この値は，例 1.13 で計算した条件付き p 値の正確な値 0.3342821 から若干のずれがあるが，上で求めた近似的な信頼区間に正確な値は含まれている．図 5.1 は，100000 個のモンテカルロ標本に対する χ^2 検定統計量のヒストグラムと，漸近分布である自由度 4 の χ^2 分布の密度関数である．

100   5. モンテカルロ法の適用

次に，多元分割表の分解可能モデルについて考える．分解可能モデルでは，同時確率関数 $p(n)$ は陽な形で表すことができ，すべて前述の二元分割表の独立モデルの積に帰着させることができるから，多項超幾何分布で考えることができる．3.3 節で扱った，三元分割表の分解可能モデルについて，それぞれ考える．

1）条件付き独立モデル AC/BC

因子 C を与えたもとで，因子 A, B の独立モデルを考えればよい．つまり，因子 C の水準 k $(k = 1, \ldots, c)$ ごとに，与えられた $\{n_{i+k}\}, \{n_{+jk}\}$ に対する多項超幾何分布を独立に考えればよい．

2）部分独立モデル A/BC

因子 B, C の水準の組合せを新たな因子とする，$a \times bc$ の二元分割表を考えて，与えられた $\{n_{i++}\}, \{n_{+jk}\}$ に対する多項超幾何分布を考えればよい．

3）互いに独立モデル $A/B/C$

3 つの因子に関するサンプリングを独立に行えばよい．まず，a 個の箱を用意し，i と書かれた箱に n_{i++} 個の球をランダムに入れる $(i = 1, \ldots, a)$．i と書かれた箱に入った球には「$A = i$」と記入する．次に，b 個の箱を用意し，同様に j と書かれた箱に n_{+j+} 個の球をランダムに入れる $(j = 1, \ldots, b)$．j と書かれた箱に入った球には「$B = j$」と記入する．最後に，c 個の箱を用意し，同様に k と書かれた箱に n_{++k} 個の球をランダムに入れる $(k = 1, \ldots, c)$．k と書かれた箱に入った球には「$C = k$」と記入する．以上の結果，「$A = i, B = j, C = k$」と書かれた球の個数が，頻度 n_{ijk} となる．

例 5.2 表 3.2 に対する条件付き独立モデルの尤度比検定 (モンテカルロ法)

表 3.2 の三元分割表に対する条件付き独立モデルの尤度比検定の条件付き p 値をモンテカルロ法で推定する．多項超幾何分布にもとづき，100000 個のサンプルを発生させ，それらの尤度比検定統計量を計算したところ，観測度数から計算される 11.72 以上の値となったものは 365 個であった．したがって，条件付き p 値の推定値は $\hat{p} = 0.00365$ となる．2 項分布の正規近似にもとづく $\hat{p}$ の近似的な 95% 信頼区間を求めると

$$0.00365 \pm 1.96 \sqrt{\frac{0.00365 \cdot 0.99635}{100000}} = 0.00365 \pm 0.00037$$

となるから，推定値の有効数字は 1 桁程度であり $\hat{p} = 0.004$ となる．

5.2 分解可能モデルからのサンプリング

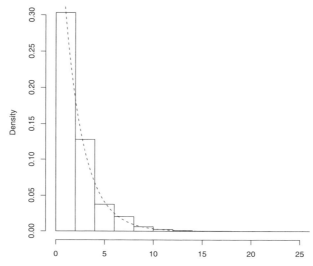

図 5.2　100000 個のモンテカルロ標本の χ^2 の値 (点線は漸近分布 χ_2^2)

この値は，例 3.3 で計算した条件付き p 値の正確な値 0.003653112 とほぼ一致している．図 5.2 は，100000 個のモンテカルロ標本に対する χ^2 検定統計量のヒストグラムと，漸近分布である自由度 2 の χ^2 分布 (すなわち指数分布) の密度関数である．

四元以上の高次分割表であっても，分解可能モデルであれば状況はさほど変わらない．一例を挙げれば，ABC/CD という分解可能モデルであれば，因子 C の各水準において，因子 A, B の水準組合せと因子 D の二元分割表を考えればよい．一方で，帰無モデルが分解可能でない場合には，多項超幾何分布にもとづく単純なサンプリングは実行できない．三元分割表の場合は，$A \times B \times C$ の 3 因子交互作用のみが存在せず，3 通りの 2 因子交互作用がすべて存在するモデル (無 3 因子交互作用モデル) がそれに該当する．無 3 因子交互作用モデルのもとでの十分統計量は $\{n_{ij+}\}, \{n_{i+k}\}, \{n_{+jk}\}$ であり，確率関数は

$$p(\boldsymbol{n}) = C(\{n_{ij+}\}, \{n_{i+k}\}, \{n_{+jk}\}) \prod_{i=1}^{a} \prod_{j=1}^{b} \prod_{k=1}^{c} \frac{1}{n_{ijk}!}$$

となる．ここで，$C(\{n_{ij+}\}, \{n_{i+k}\}, \{n_{+jk}\})$ は基準化定数

$$C(\{n_{ij+}\}, \{n_{i+k}\}, \{n_{+jk}\}) = \left(\sum_{x \in \mathcal{F}(n)} \prod_{i=1}^{a} \prod_{j=1}^{b} \prod_{k=1}^{c} \frac{1}{x_{ijk}!} \right)^{-1}$$

であり，$\mathcal{F}(n)$ は条件付き標本空間

$$\mathcal{F}(n) = \{x : x_{ij+} = n_{ij+}, x_{i+k} = n_{i+k}, x_{+jk} = n_{+jk}\}$$

である．分解可能モデルと違い，基準化定数が陽に書けないため，シンプルな方法でサンプリングを行うことができない．

5.3 マルコフ連鎖モンテカルロ法

　本節では，帰無分布 $p(n)$ に従う標本を，前節でみたような直接的な方法ではなく，マルコフ連鎖を利用して得る方法 (マルコフ連鎖モンテカルロ法) を説明する．マルコフ連鎖モンテカルロ法は，後述するマルコフ基底が得られていれば，どのようなモデルや検定統計量に対しても適用できるという長所がある．

　マルコフ連鎖モンテカルロ法では，帰無分布 $p(n)$ からの標本を得るために，(5.2) 式で定義される観測値 n^o に対する条件付き標本空間 $\mathcal{F}(n^o)$ 上に，$p(n)$ を定常分布とするような，既約，非周期なマルコフ連鎖を構成する．説明のため，条件付き標本空間 (これは有限集合である) の元に適当な順序を付けて

$$\mathcal{F}(n^o) = \{n_1, \ldots, n_s\}$$

と書き，帰無分布を

$$\pi = (\pi_1, \ldots, \pi_s) = (p(n_1), \ldots, p(n_s))$$

と行ベクトルで表すことにする．$\mathcal{F}(n^o)$ 上の，定常分布が π であるマルコフ連鎖を $\{Z_t : t = 0, 1, 2, \ldots\}$ とし，その推移確率行列 $Q = (q_{ij})$ を

$$q_{ij} = P(Z_{t+1} = n_j \mid Z_t = n_i)$$

と書く．π がこのマルコフ連鎖の定常分布であるとは，$\pi = \pi Q$ が成り立つことをいう．また，既約，非周期な有限状態マルコフ連鎖に対しては，このような定常分布が一意的に存在することが知られている．このようなマルコフ連鎖が構成できれば，任意の初期状態 $Z_0 = n_i$ から，十分大きな回数 (ここでは，たと

えば 50000 回とする) の状態遷移を行えば，その先の状態 $Z_{50001}, Z_{50002}, \ldots$ は，定常分布 π からの標本とみなすことができる．それらを用いて条件付き p 値を推定するのが，マルコフ連鎖モンテカルロ法である．

　マルコフ連鎖モンテカルロ法を実行するためには，与えられた条件付き標本空間 $\mathcal{F}(n^o)$ 上に，与えられた定常分布 π をもつような，既約，非周期なマルコフ連鎖を構成する必要がある．これらのうち，定常分布に関する条件は，以下の定理により比較的容易に解決することができる．

○定理 **5.1** (メトロポリス・ヘイスティングスアルゴリズム)

　π は $\mathcal{F}(n^o)$ 上の確率分布で，$R = (r_{ij})$ を，$\mathcal{F}(n^o)$ 上の，既約，非周期，対称なマルコフ連鎖とする．このとき，推移確率行列 $Q = (q_{ij})$ を

$$
\begin{aligned}
q_{ij} &= r_{ij} \min\left(1, \frac{\pi_j}{\pi_i}\right), \ i \neq j \\
q_{ii} &= 1 - \sum_{j \neq i} q_{ij}
\end{aligned}
$$

と定義すれば，$\pi = \pi Q$ を満たす．

　ヘイスティングスのもとの論文 Hastings (1970) では，より一般的な設定で定理が述べられており，たとえば対称性 ($r_{ij} = r_{ji}$) の条件は容易に外すことができる．本書で扱うマルコフ連鎖は，わかりやすさのため対称なものだけを考えることにする．定理 5.1 の証明は，たとえば上の論文や，JST CREST 日比チーム (2011：4.1 節) などを参照されたい．本書では，以下の簡単な例で，定理の主張を確認しておく．

　例 **5.3**　2 × 3 分割表の条件付き標本空間とマルコフ連鎖

　　いま，2 × 3 分割表の行和と列和が以下のように固定されているとする．

n_{11}	n_{12}	n_{13}	3
n_{21}	n_{22}	n_{23}	2
2	2	1	5

条件付き標本空間は

$\mathcal{F}(n^o)$

$$= \left\{ \begin{array}{|c|c|c|} \hline 2 & 1 & 0 \\ \hline 0 & 1 & 1 \\ \hline \end{array}, \begin{array}{|c|c|c|} \hline 2 & 0 & 1 \\ \hline 0 & 2 & 0 \\ \hline \end{array}, \begin{array}{|c|c|c|} \hline 1 & 2 & 0 \\ \hline 1 & 0 & 1 \\ \hline \end{array}, \begin{array}{|c|c|c|} \hline 1 & 1 & 1 \\ \hline 1 & 1 & 0 \\ \hline \end{array}, \begin{array}{|c|c|c|} \hline 0 & 2 & 1 \\ \hline 2 & 0 & 0 \\ \hline \end{array} \right\}$$

$$= \{n_1, \ n_2, \ n_3, \ n_4, \ n_5\} \tag{5.3}$$

であり，これらの 5 つの元のいずれかが観測値 n^o であるとする．帰無分布は

$$p(\boldsymbol{n}) = \frac{3!2!2!2!}{5!} \prod_{i,j} \frac{1}{n_{ij}!} = \frac{2}{5} \prod_{i,j} \frac{1}{n_{ij}!}$$

であるので，$\mathcal{F}(n^o)$ の各元の生起確率は

$$\pi = (\pi_1, \dots, \pi_5)$$
$$= (p(\boldsymbol{n}_1), \ p(\boldsymbol{n}_2), \ p(\boldsymbol{n}_3), \ p(\boldsymbol{n}_4), \ p(\boldsymbol{n}_5))$$
$$= (0.2, \ 0.1, \ 0.2, \ 0.4, \ 0.1)$$

である．なお，帰無モデルのもとでの期待度数は
$\begin{array}{|c|c|c|} \hline 1.2 & 1.2 & 0.6 \\ \hline 0.8 & 0.8 & 0.4 \\ \hline \end{array}$
であり，たとえば χ^2 適合度検定統計量の値は

$$(\chi^2(\boldsymbol{n}_1), \ \chi^2(\boldsymbol{n}_2), \ \chi^2(\boldsymbol{n}_3), \ \chi^2(\boldsymbol{n}_4), \ \chi^2(\boldsymbol{n}_5)) = (2.917, \ 5, \ 2.917, \ 0.833, \ 5)$$

となるので，条件付き p 値は，$n^o = n_4$ のとき 1.0，$n^o = n_1, n_3$ のとき 0.6，$n^o = n_2, n_5$ のとき 0.2 となる．

後述するマルコフ基底を用いれば，$\mathcal{F}(n^o)$ の上に，既約，非周期，対称なマルコフ連鎖を構成することができ，その推移確率行列は

$$R = \begin{pmatrix} 1/2 & 1/6 & 1/6 & 1/6 & 0 \\ 1/6 & 2/3 & 0 & 1/6 & 0 \\ 1/6 & 0 & 1/2 & 1/6 & 1/6 \\ 1/6 & 1/6 & 1/6 & 1/3 & 1/6 \\ 0 & 0 & 1/6 & 1/6 & 2/3 \end{pmatrix} \tag{5.4}$$

となる．ここで，定理 5.1 に従いマルコフ連鎖の推移確率を調整すれば，得られるマルコフ連鎖の推移確率行列は

$$Q = \begin{pmatrix} 7/12 & 1/12 & 1/6 & 1/6 & 0 \\ 1/6 & 2/3 & 0 & 1/6 & 0 \\ 1/6 & 0 & 7/12 & 1/6 & 1/12 \\ 1/12 & 1/24 & 1/12 & 3/4 & 1/24 \\ 0 & 0 & 1/6 & 1/6 & 2/3 \end{pmatrix}$$

となる．この Q の定常分布が π となることは，実際に $\pi = \pi Q$ を満たすことから確認できる．また，十分大きな t について行列 Q^t を計算すれば，その各行が π に収束することも確認できる．

定理 5.1 において，帰無分布は，π_j/π_i という比の形でのみ現れている，という点は重要である．したがって，前節の最後に述べた無 3 因子交互作用モデルのような，分解可能でない (帰無分布の基準化定数が陽に書けない) 場合であっても，マルコフ連鎖モンテカルロ法は有効な方法となりうる．

定理 5.1 により，与えられた条件付き標本空間 $\mathcal{F}(\boldsymbol{n}^o)$ 上に，既約，非周期，対称なマルコフ連鎖を，どんなものでもよいので 1 つ構成すれば，マルコフ連鎖モンテカルロ法が実行できることになる．そのための有力な方法が，以下で定義するマルコフ基底を利用する方法である．まず，準備のため，固定する十分統計量がすべてゼロとなるような整数配列の集合を $\mathcal{B}_0$ とおく．2 つの分割表 $\boldsymbol{n}, \boldsymbol{n}' \in \mathcal{F}(\boldsymbol{n}^o)$ について，その差が $\mathcal{B}_0$ に含まれること ($\boldsymbol{n} - \boldsymbol{n}' \in \mathcal{B}_0$) は，$\boldsymbol{n}, \boldsymbol{n}'$ が同じ条件付き標本空間 $\mathcal{F}(\boldsymbol{n}^o)$ に含まれること ($\boldsymbol{n}, \boldsymbol{n}' \in \mathcal{F}(\boldsymbol{n}^o)$) と同値であることに注意する．いま，$\mathcal{B}_0$ の部分集合 $\mathcal{B} \subset \mathcal{B}_0$ と観測値 $\boldsymbol{n}^o$ が与えられたとき，無向グラフ $G(\mathcal{B}, \boldsymbol{n}^o) = (V, E)$ を

$$V = \mathcal{F}(\boldsymbol{n}^o), \quad E = \{(\boldsymbol{n}, \boldsymbol{n}') : \boldsymbol{n} - \boldsymbol{n}' \in \mathcal{B} \text{ または } \boldsymbol{n}' - \boldsymbol{n} \in \mathcal{B}\}$$

と定義する．

定義 5.1 マルコフ基底

任意の観測値 $\boldsymbol{n}^o$ に対して無向グラフ $G(\mathcal{B}, \boldsymbol{n}^o)$ が連結であるとき，$\mathcal{B}$ を (この問題に対する) マルコフ基底という．

マルコフ基底が得られれば，$\mathcal{F}(\boldsymbol{n}^o)$ 上の既約なマルコフ連鎖は以下の方法で

作ることができる. 連鎖の状態 $n \in \mathcal{F}(n^o)$ において, マルコフ基底 $\mathcal{B}$ の元 $z \in \mathcal{B}$ と符号 $\varepsilon \in \{-1, 1\}$ をランダムに選び, $n + \varepsilon z$ を作る. もし, $n + \varepsilon z \in \mathcal{F}(n^o)$ であれば, $n + \varepsilon z$ を次の状態とし, そうでなければ n に留まる, というルールでマルコフ連鎖を作る. するとマルコフ基底の定義から, これは必ず既約で非周期なマルコフ連鎖となる. さらに, 符号 $\varepsilon \in \{-1, 1\}$ を等確率で選べば, 対称性も成り立つ.

例 5.4　2×3 分割表のマルコフ基底

例 5.3 の例で確認する. 行和と列和が固定された 2×3 分割表の問題では, $\mathcal{B}_0$ は

$$
\begin{array}{|c|c|c|}\hline 1 & -1 & 0 \\\hline -1 & 1 & 0 \\\hline\end{array}, \quad
\begin{array}{|c|c|c|}\hline 2 & -1 & -1 \\\hline -2 & 1 & 1 \\\hline\end{array}, \quad
\begin{array}{|c|c|c|}\hline 0 & 5 & -5 \\\hline 0 & -5 & 5 \\\hline\end{array}, \dots
$$

などの元からなる無限集合であるが, このうち 3 つの元

$$
z_1 = \begin{array}{|c|c|c|}\hline 1 & -1 & 0 \\\hline -1 & 1 & 0 \\\hline\end{array}, \quad
z_2 = \begin{array}{|c|c|c|}\hline 1 & 0 & -1 \\\hline -1 & 0 & 1 \\\hline\end{array}, \quad
z_3 = \begin{array}{|c|c|c|}\hline 0 & 1 & -1 \\\hline 0 & -1 & 1 \\\hline\end{array}
$$

に注目する. まず, $\mathcal{B}_1 = \{z_1\}$ とし, 例 5.3 の条件付き標本空間 (5.3) 式について無向グラフを作れば, 図 5.3(a) となる. これは連結でない (既約でない) ので, $\mathcal{B}_1$ はマルコフ基底ではない. 次に $\mathcal{B}_2 = \{z_1, z_2\}$ を考えると, 無向グラフは図 5.3(b) となり, これは既約である. しかし, $\mathcal{B}_2$ はマルコフ基底ではない. つまり, 同じサイズの問題 (行和, 列和が固定された 2×3 分割表) の観測値 n^o で, 無向グラフ $G(n^o, \mathcal{B}_2)$ が既約にならないようなものが存在する. これは例えば, 以下のような場合である.

$$
n^o = \begin{array}{|c|c|c|}\hline 0 & 1 & 0 \\\hline 0 & 0 & 1 \\\hline\end{array}, \quad
\mathcal{F}_{n^o} = \left\{ \begin{array}{|c|c|c|}\hline 0 & 1 & 0 \\\hline 0 & 0 & 1 \\\hline\end{array}, \quad
\begin{array}{|c|c|c|}\hline 0 & 0 & 1 \\\hline 0 & 1 & 0 \\\hline\end{array} \right\} \tag{5.5}
$$

この場合, 条件付き標本空間の元は 2 つしかないので, これらを結ぶためには, それらの差, つまり z_3 が必要であることがわかる. 実際, $\mathcal{B} = \{z_1, z_2, z_3\}$ はこの問題のマルコフ基底である. 図 5.3(c) は, $\mathcal{B}_3$ から得られる条件付き標本空間 (5.3) 式に対する既約な無向グラフである.

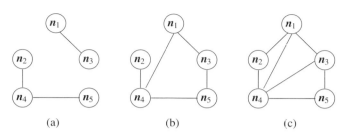

図 5.3　例 5.3 の分割表の，$\mathcal{B}_1, \mathcal{B}_2, \mathcal{B}_3$ に対する無向グラフ

例 5.3 で計算した (5.4) 式は，マルコフ基底 $\mathcal{B}_3$ の 3 つの元と符号 $\{-1, 1\}$ を，いずれも等確率に選ぶことによって構成した推移確率行列である．

上で考えた (5.5) 式のような例は，一見すると，本質的でなくつまらないものであり，たとえば「固定する十分統計量の値がすべて正であれば，より簡単に既約な連鎖が構成できるのではないか」と感じるかもしれない．しかし実際はそうではなく，固定する十分統計量の値がすべて正であっても，マルコフ基底が複雑になる例は存在する．また，実用上は，与えられた観測値に対する条件付き標本空間上に既約な連鎖を構成できれば，マルコフ連鎖モンテカルロ法が実行できるので，マルコフ基底の定義の「任意の観測値 $\boldsymbol{n}^o$ に対して」という部分も，強すぎる条件のように思えるかもしれない．実際，与えられた観測値に対する条件付き標本空間上の既約な連鎖を構成する $\mathcal{B}_0$ の集合は，マルコフ部分基底 (Markov subbase) と呼ばれ，その計算法などが研究されている．しかし現段階では，マルコフ部分基底の計算はマルコフ基底の計算に比べて大幅に難しく，現実的な計算時間でマルコフ部分基底を計算するアルゴリズムは知られていない．

例 5.5　表 1.5 に対する χ^2 適合度検定 (マルコフ連鎖モンテカルロ法)

表 1.5 の，2 因子実験でのキズの数のデータについて，χ^2 適合度検定の条件付き p 値をマルコフ連鎖・モンテカルロ法で計算する．この問題 (行和，列和が固定された 3×3 分割表) のマルコフ基底は，$\begin{array}{cc} +1 & -1 \\ -1 & +1 \end{array}$ の形の 9 個の元からなる集合

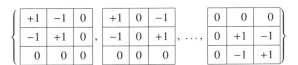

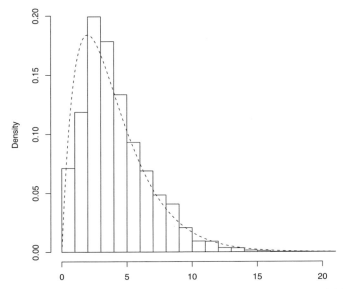

図 5.4 マルコフ連鎖により得られた 100000 個のモンテカルロ標本の χ^2 の値 (点線は漸近分布 χ^2_4)

である．マルコフ基底の元と符号を等確率で選ぶ方法で構成したマルコフ連鎖に従い，表 1.5 の観測値を初期値として状態遷移を行った．はじめの 50000 個の状態遷移を破棄し，50001 個目からの状態遷移を多項超幾何分布 $p(\boldsymbol{n})$ からの標本とみて，100000 個の標本にもとづいて χ^2 適合度検定統計量を計算したところ，観測度数から計算される 4.624709 以上の値となったものは 32739 個であった．したがって，条件付き p 値の推定値は $\hat{p} = 0.33$ となる (有効数字は 2 桁程度である)．図 5.4 は，推定に用いた 100000 個の標本の χ^2 適合度検定統計量の値のヒストグラムと，漸近分布である自由度 4 の χ^2 分布である．

与えられたモデル，サイズの問題に対するマルコフ基底の計算法は，ダイアコニスとスツルムフェルスにより提案された (Diaconis and Sturmfels, 1998). これは，多項式環のグレブナー基底の理論を用いてマルコフ基底を特徴付け，代数アルゴリズムによりマルコフ基底を計算する，というものである．この結果により，理論上は，どんな分割表の問題であっても，有限個の元からなるマルコフ基底が存在し，それを出力する代数アルゴリズムが存在することが保証される．とはいえ，代数アルゴリズムを実際に実行するには，計算時間や記憶領域の面で難しいことも多く，たとえば，$4 \times 4 \times 4$ 分割表の無 3 因子交互作用モデルのマルコフ基底の計算には，計算代数の専門家であっても (この原稿の執筆時点では) 数時間から数日を要する．したがって，様々な問題に対するマルコフ基底の構造解明や，アルゴリズムの工夫は，この分野の重要な研究テーマとなっている (興味のある読者は，Aoki, Hara and Takemura (2012) などを参照されたい).

例 5.5 では，$\begin{array}{cc} +1 & -1 \\ -1 & +1 \end{array}$ の形の元のみでマルコフ基底が構成できていたが，これは行和と列和が固定された一般の二元分割表で成り立つことが知られている．

○定理 5.2

行和と列和が固定された $a \times b$ 分割表のマルコフ基底は，$\begin{array}{cc} +1 & -1 \\ -1 & +1 \end{array}$ の形の $\binom{a}{2}\binom{b}{2}$ 個の元で構成される．

定理 5.2 の結果は，高次分割表の分解可能モデルに拡張できる．つまり，帰無モデルが分解可能モデルであれば，マルコフ基底は「$+1, -1$ をそれぞれ 2 個ずつもつような元の集合」によって構成できることが知られている (Aoki, Hara and Takemura, 2012：第 8 章). しかし一般には，マルコフ基底は複雑な構造をもつことが知られている．たとえば，三元分割表の無 3 因子交互作用モデルの場合，分割表のサイズが $2 \times 3 \times 3$ であれば，最も単純な次の形の $\mathcal{B}_0$ の元

i_1 i_2

	k_1	k_2	k_3
j_1	+1	−1	0
j_2	−1	+1	0
j_3	0	0	0

	k_1	k_2	k_3
j_1	−1	+1	0
j_2	+1	−1	0
j_3	0	0	0

に加え，複雑な

i_1 i_2

	k_1	k_2	k_3
j_1	+1	−1	0
j_2	−1	0	+1
j_3	0	+1	−1

	k_1	k_2	k_3
j_1	−1	+1	0
j_2	+1	0	−1
j_3	0	−1	+1

の形の元まで含めなければマルコフ基底にはならない．さらに，分割表のサイズが大きくなるにつれ，マルコフ基底にはより複雑な元が必要となる．

6

列に順序がある場合の二元分割表の解析

6.1　傾向のある対立仮説

6.1.1　動 機 付 け

表 1.3 のように反応が優・良・可・不可と順序がある場合，χ^2 適合度検定や尤度比検定は合理的な結果を与えないことが知られている．たとえば，表 6.1 に示すように 2 つの 2×4 の二元分割表があったとしよう．

表 6.1　反応に順序がある場合の 2×4 分割表

	優	良	可	不可	計
A_1	20	20	20	20	80
A_2	20	20	32	8	80

	優	良	可	不可	計
B_1	20	20	20	20	80
B_2	24	24	24	8	80

要因 A も B も A_2，B_2 がそれぞれよい成績を与えているが，明らかに要因 B の効果の方が大きい．しかし，χ^2 適合度検定を行うと，

$$\chi^2_A = 7.91^* \qquad \chi^2_B = 6.23$$

と要因 A は 5% 有意で，要因 B は有意でない．

また，1.2 節でみたように，表 1.3 のデータに χ^2 適合度検定を行うと

$$\chi^2 = 14.34^{**}$$

となり，2 つの教育方法で成績に高度な有意差があると判定されるが，どちらの組の成績がよいのかは，必ずしも明らかでない．第 2 組は第 1 組に比べて優の人数は多いのだが，不可の人数も多いからである．これは，χ^2 適合度検定や尤度比検定でも対立仮説が

112   6. 列に順序がある場合の二元分割表の解析

$$\mathrm{H}_0 : 2 \text{ つの組で成績分布は等しい}$$

の否定であるためである．行が要因で列が反応の二元分割表では，行間での優劣関係に興味があることが多い．そこで，反応に順序がある場合に，行間に優劣の判定を下せる検定方式が望まれる．

6.1.2　$2 \times b$ 分割表における傾向のある対立仮説

この章では，行和が与えられた二元分割表を扱う．はじめに，行が要因で列が順序のある反応の $2 \times b$ 分割表で，行間に優劣がつく分布の例をみてみよう．表 6.2 に典型的な数値例を与える．明らかに A_1 は A_2 よりもよい．

表 6.2　行間に優劣がつく離散分布の例

	優	良	可	不可	計
A_1	0.4	0.3	0.2	0.1	1
A_2	0.1	0.2	0.3	0.4	1

表 6.2 の例では，行 A_i のもとで列 B_j に反応する確率 p_{ij} において

$$\frac{p_{11}}{p_{21}} > \frac{p_{12}}{p_{22}} > \frac{p_{13}}{p_{23}} > \frac{p_{14}}{p_{24}}$$

が成り立っている．そこで，一般の $2 \times b$ 分割表で，帰無仮説を

$$\mathrm{H}_0 : (p_{11}, p_{12}, \ldots, p_{1b}) = (p_{21}, p_{22}, \ldots, p_{2b}) \tag{6.1}$$

としたときに，対立仮説として，H_0 の単なる否定ではなく

$$\mathrm{H}_1 : \quad \frac{p_{11}}{p_{21}} \geq \frac{p_{12}}{p_{22}} \geq \cdots \geq \frac{p_{1b}}{p_{2b}} \quad \text{または} \quad \frac{p_{11}}{p_{21}} \leq \frac{p_{12}}{p_{22}} \leq \cdots \leq \frac{p_{1b}}{p_{2b}} \tag{6.2}$$

とすることが考えられる．ただし，(6.2) 式では，少なくとも 1 つの不等号は厳密に成り立つものとする．このような対立仮説を**傾向のある対立仮説**といい，傾向のある対立仮説に対する検定を**指向性検定**と呼ぶ．指向性検定で有意になれば，行の水準間で優劣がつくことになる．

6.2 累積法，精密累積法および累積カイ 2 乗法

6.2.1 累 積 法

反応が順序のあるカテゴリーで観測される度数データに対し，要因効果を検定する方法として 1966 年に田口によって考案されたのが**累積法**である．累積法は世界的にみても，指向性検定のパイオニア的存在である．ここでは，まず累積法の計算手順を説明する．

表 6.3 の左側にある 2×3 の二元分割表を考えよう．ここで因子 A は，たとえば処理方法で，全部で 120 個の試料を無作為に 60 個ずつに分け，A_1 と A_2 に割り付け，それぞれ 60 個の外観について，「悪い」，「普通」，「よい」の 3 段階で判定した結果がまとめられている．

まず，度数データを累積度数データにして，改めて I 組，II 組，III 組とする．順序はよい順でも悪い順でもかまわない (ここでは悪い順にした)．表 6.3 右部のような補助表を用意すると便利である．

出来上がった累積度数データの組ごとに変動の分解を行う．ただし，この場合，III 組の累積度数 (すなわち各水準でのデータ数) は水準間で等しいので，解析から除く．各変動 (平方和) の算出においては，この累積度数を 0 と 1 の 2 値データに戻した形で，組ごとに計量値と同様の計算がなされる．たとえば，A_1 の I 組では，累積度数が 30 であるが，これを 30 個の 1 と 30 個の 0 という形に戻す．A_2 の I 組では 20 個の 1 と 40 個の 0 がある．I 組では，これらを合わせて 120 個の 1,0 データがある．そこで修正項は

$$CT_1 = (\text{I 組での累積度数の総和})^2 \, / \, (\text{総データ数})$$

$$= (30 + 20)^2 \, / \, 120$$

$$= 20.833$$

表 6.3 度数データと累積度数データの数値例

	度数データ			累積度数データ		
	悪い	普通	よい	I 組	II 組	III 組
A_1	30	0	30	30	30	60
A_2	20	20	20	20	40	60

となる．全変動は

$$S_{T1} = (\text{I 組での 1, 0 データの全 2 乗和}) - CT_1$$

$$= 50 - 20.833$$

$$= 29.167$$

となる．A 間変動，誤差変動も一元配置データとまったく同様に

$$S_{A1} = (30^2 + 20^2) / 60 - 20.833$$

$$= 0.833$$

$$S_{e1} = S_{T1} - S_{A1}$$

$$= 28.334$$

として求められる．

同様に，II 組では

$$CT_2 = 70^2 / 120$$

$$= 40.833$$

$$S_{T2} = 70 - 40.833$$

$$= 29.167$$

$$S_{A2} = (30^2 + 40^2) / 60 - 40.833$$

$$= 0.833$$

$$S_{e2} = S_{T2} - S_{A2}$$

$$= 28.334$$

となる．

次に，2 項誤差分散の逆数を求め，これを各組の変動の重みにして，全体の変動が重み付き和として算出される．I 組での累積度数の総和は 50 で，II 組のそれは 70 なので，重みは，それぞれ

$$W_1 = 1/[50/120 \times (1 - 50/120)] = 4.114$$

$$W_2 = 1/[70/120 \times (1 - 70/120)] = 4.114$$

6.2 累積法，精密累積法および累積カイ2乗法　　　　*115*

表 **6.4**　累積法の分散分析表 (表 6.3 に対応)

	要因	平方和	自由度	平均平方	F 比
A		6.857	2	3.429	3.47*
	I 組	0.833×4.114	1		
	II 組	0.833×4.114	1		
e		233.143	236	0.988	
	I 組	28.334×4.114	118		
	II 組	28.334×4.114	118		
T		240.00	238		
	I 組	29.167×4.114	119		
	II 組	29.167×4.114	119		

である．なお，各変動の自由度は，基本的に 0,1 の 2 値データの個数にもとづいているが，I組とII組を合成して求めているので，すべて 2 倍したものとして与えられる．計算結果を分散分析表にまとめたものが表 6.4 である．なお，全変動 S_T はつねに

$$S_T = (測定値の総数) \times (解析している組の数)$$
$$= 120 \times 2$$
$$= 240$$

になる．

6.2.2　累積カイ 2 乗法

累積カイ 2 乗法は，1979 年に竹内・広津によって提唱されたが，1973 年の竹内による累積法の解釈がもとになっている．累積カイ 2 乗統計量を算出するには，表 6.5 に示すような補助表を作るとよい．これは表 6.3 の度数データに

表 **6.5**　累積カイ 2 乗法のための補助表

	悪い	普通・よい	悪い・普通	よい	計
A_1	30	30	30	30	60
A_2	20	40	40	20	60
計	50	70	70	50	120

対応するものである.

表 6.5 の左部は,表 6.3 左部での「悪い」,「普通」,「よい」の 3 水準を「悪い」と「普通・よい」の 2 水準にまとめ直した二元表である.一方,表 6.5 の右部は,「悪い・普通」と「よい」の 2 水準にまとめ直した二元表である.それぞれの 2 × 2 分割表に χ^2 適合度検定統計量を算出すると

$$\chi_1^2 = 3.429 , \quad \chi_2^2 = 3.429$$

となる.累積カイ 2 乗統計量は,これらの和として

$$\chi^{*2} = \chi_1^2 + \chi_2^2 = 6.857$$

として与えられる.

このとき,この χ^{*2} は,表 6.4 の累積法での S_A と値が等しいことがわかる.より正確には,2 つの χ^2 適合度統計量の値が,累積法で重みを乗じた後の各組の平方和にそれぞれ等しい.累積法の重みも,χ^2 適合度統計量での基準化 (等分散化) に対応させれば,自然に理解できる.両者の同等性の完全な証明は,たとえば広津 (1983) にある.

ところで一般に,大きさ 3 のデータ y_1, y_2, y_3 があるとき,2 つの対比

$$y_1 - y_2$$

と

$$\frac{y_1 + y_2}{2} - y_3$$

とは直交している (係数ベクトルの内積が 0).しかし,

$$y_1 - \frac{y_2 + y_3}{2}$$

と

$$\frac{y_1 + y_2}{2} - y_3$$

とは直交していない.

そのため,χ_1^2 と χ_2^2 は直交していない.そこで,これらの和である χ^{*2} に対する棄却限界値を求めるには若干の計算を要する.一般式は広津 (1983) にある通

りだが，この場合は

$$C^{*T} = \begin{pmatrix} (1/50 + 1/70)^{-1/2}\sqrt{50}/50 & -\sqrt{20}/70 & -\sqrt{50}/70 \\ (1/70 + 1/50)^{-1/2}\sqrt{50}/70 & \sqrt{20}/70 & -\sqrt{50}/50 \end{pmatrix}$$

という 2×3 の行列を求めておき

$$\mathrm{tr}(C^{*T}C^*)^2 = 3.008$$

$$d = \mathrm{tr}(C^{*T}C^*)^2 \big/ (b-1) = 1.504$$

$$f = (b-1)/d = 1.330$$

より，棄却限界値 $d\chi^2(f)$ は，線形補間を用いれば

$$d\chi^2(f) = 6.854 \quad (\alpha = 0.05) \tag{6.3}$$

で与えられ，実にきわどいものの有意になる.

このように，累積カイ 2 乗法では，誤差変動をデータから求めることはせず，あくまで計数値に固有のサンプリング誤差からその大きさを評価している.

6.2.3 精密累積法

田口 (1977) においては，精密累積法は定時打ち切りのもとでの寿命データに対する要因解析手法として導入されているが，寿命の区間が本質的に順序のあるカテゴリーであるから，上述の 2 手法と同様に，列に順序のある二元分割表データに対する 1 つの解析手法とみなせる.

寿命の区間の場合，悪い順 (寿命の短い順) に並ぶのが普通であるが，精密累積法では区間の度数が悪い方へ (すなわち左へ) 累積される. しかし，これ自体が累積法と本質的な違いを与えているわけではない. 累積法における累積度数データを 0，1 の 2 値データに戻したときに，0 と 1 を反転させればよい. 0 と 1 の反転は線形変換だから，変動の値には影響しない. より具体的には，表 6.6 に示す通り，精密累積データは，各水準での総度数から累積度数データを引けばよい. なお，精密累積法では組 (カテゴリー) を ω で表し，これを**座標因子**と呼ぶようである.

精密累積法での変動は，座標因子を外側に 2 次因子として割り付けた分割型直積配置における通常の変動計算より求められる. 表 6.6 では，1 次単位が因

6. 列に順序がある場合の二元分割表の解析

表 6.6　累積度数データと精密累積データ

	累積度数データ			精密累積データ		
	I組	II組	III組	ω_1	ω_2	ω_3
A_1	30	30	60	30	30	0
A_2	20	40	60	40	20	0

子 A の繰り返し $r = 60$ の一元配置で，2次因子が因子 ω の分割実験とみなせばよい．このとき，総データ数は $60 \times 4 = 240$ となることに注意する．

また，この場合も，最後の組 ω_3 での値はすべての条件で 0 なので解析には用いない．修正項と全変動はそれぞれ

$$CT = 120^2 / 240 = 60$$

$$S_T = 120 - 60 = 60$$

で，要因効果の変動は

$$S_A = (60^2 + 60^2) / 120 - 60 = 0$$

$$S_\omega = (70^2 + 50^2) / 120 - 60 = 1.667$$

$$S_{A \times \omega} = S_{A\omega} - S_A - S_\omega = 1.667$$

となる．次に 1 次誤差は，1 次単位が反復のない一元配置であることより，因子 A の水準内変動の和として次のように求められる．

$$S_{R_1} = (1 + 1)^2 \times 30 / 2 - 60^2 / 120 = 30$$

$$S_{R_2} = \{(1 + 1)^2 \times 20 + (1 + 0)^2 \times 20\} / 2 - 60^2 / 120 = 20$$

$$S_{e_1} = S_{R_1} + S_{R_2} = 50$$

一方，2 次誤差は

$$S_{e_2} = S_T - (S_A + S_\omega + S_{A \times \omega} + S_{e_1}) = 0.667$$

となる．分散分析表は省略する．

なお，表 6.3 の例では，A の各水準で $r = 60$ の繰り返しがなされていたわけだが，ここに因子 B が割り付けられていれば，1 次誤差は $S_{A \times B}$ より求められる．要するに，精密累積法の変動計算は，形式的に座標因子 ω が 2 次因子の分割実験として行えばよい．

6.3 モデルケースによる比較検討

6.3.1 モデルケース 1

これは 6.2.1 項で用いた表 6.3 の場合である. この場合, 仮に「悪い」,「普通」,「よい」のカテゴリーにそれぞれ 1, 2, 3 のスコアを与えて計量化すれば (このような方法をスコア法という), 因子 A の水準間でスコアの平均は等しく, その意味で優劣はつかない.

しかし, 累積法での S_A は 0 ではない. 前節に述べた関係から累積カイ 2 乗法での χ^{*2} も 0 ではない. つまり, この 2 つの方法での主効果には純粋な 1 次効果 (位置効果) だけでなく, 2 次以上の効果も含まれている. このあたりの理論は Hirotsu (1986) で明らかにされており, χ^{*2} は 1 次, 2 次,... の成分の重み付き和として表現され, その重みは次数が高くなるほど小さくなることがわかっている.

これに対し, 精密累積法での S_A は厳密に 0 になる. これはすなわち, 精密累積法での S_A が座標因子 ω に線形スコアを与えたときの位置効果を表す変動に他ならないからである. また, このとき $S_{A\times\omega}$ は 0 ではない. 実はこれが, 累積法や累積カイ 2 乗法での A の主効果が 0 にならない正体なのである.

正確にいえば, 累積法で重みを乗じる前の各組での変動 S_{A1}, S_{A2} と精密累積法での主効果 S_A, 交互作用 $S_{A\times\omega}$ との間には

$$S_{A1} + S_{A2} = S_A + S_{A\times\omega} \tag{6.4}$$

の等式が成立する. 以下に, この証明を与えよう.

まず, 記号を定義する. 前節に述べたように, 累積法での累積度数データを 0, 1 の 2 値データに戻したものを x_{ijk} とする. ここに添え字 i は因子 A の水準に対応し ($i = 1,\ldots,a$), j は表 6.3 の場合繰り返しに対応する ($j = 1,\ldots,r$). また, 添え字 k は組の番号で, 組数は一般に $c + 1$ であるとする ($k = 1,\ldots,c$). なお, 表 6.3 では添え字 j は繰り返しだが, ここに因子 B が割り付けられていてもよい. さらに 2 因子以上の組合せ因子が対応していてもよい. ただし, 計画行列は直交しているとする. すなわち, 繰り返し数の等しい組合せ実験や繰り返し数の等しい直交表を用いた一部実施計画ならばよい.

累積法での第 k 組での修正項 CT_k $(k = 1, \ldots, c)$ は

$$CT_k = \frac{\left[\sum\limits_{i=1}^{a} \sum\limits_{j=1}^{r} x_{ijk}\right]^2}{ar}$$

であり，第 k 組での A 間変動 S_{Ak} $(k = 1, \ldots, c)$ は

$$S_{Ak} = \sum_{i=1}^{a} \frac{\left[\sum\limits_{j=1}^{r} x_{ijk}\right]^2}{r} - CT_k$$

である．これより

$$S_{A1} + S_{A2} + \cdots + S_{Ac} = \sum_{k=1}^{c} \sum_{i=1}^{a} \frac{\left[\sum\limits_{j=1}^{r} x_{ijk}\right]^2}{r} - \sum_{k=1}^{c} CT_k$$

となる．

一方，精密累積法では，前節に述べたように 0 と 1 が反転するが，これによって変動の値が変わることはないので，x_{ijk} にもとづいて変動計算をすればよい．まず，修正項は

$$CT = \frac{\left[\sum\limits_{i=1}^{a} \sum\limits_{j=1}^{r} \sum\limits_{k=1}^{c} x_{ijk}\right]^2}{arc}$$

で，$A\omega$ 間変動と ω 間変動はそれぞれ

$$S_{A\omega} = \sum_{k=1}^{c} \sum_{i=1}^{a} \frac{\left[\sum\limits_{j=1}^{r} x_{ijk}\right]^2}{r} - CT$$

$$S_{\omega} = \sum_{k=1}^{c} \frac{\left[\sum\limits_{i=1}^{a} \sum\limits_{j=1}^{r} x_{ijk}\right]^2}{ar} - CT$$

であるので，結局

$$S_A + S_{A\times\omega} = S_{A\omega} - S_{\omega}$$

$$= \sum_{k=1}^{c} \sum_{i=1}^{a} \frac{\left[\sum_{j=1}^{r} x_{ijk}\right]^2}{r} - \sum_{k=1}^{c} \frac{\left[\sum_{i=1}^{a} \sum_{j=1}^{r} x_{ijk}\right]^2}{ar}$$

$$= S_{A1} + S_{A2} + \cdots + S_{Ac}$$

となり，(6.4) 式が証明された．

ところで，累積法と累積カイ 2 乗法を比べたとき，主効果の変動の大きさは等しいが，累積カイ 2 乗法の自由度が累積法のそれの約 2/3 であり，その結果，検定での判定が微妙になったことに注意しておこう．また，精密累積法での交互作用 $A \times \omega$ とは，座標因子 ω の水準数がある程度大きいときには，横軸に座標因子をとり，縦軸に精密累積度数をとった残存率曲線が A 間で平行でないことを意味し，散らばりに関する情報を含んでいる．位置効果と散らばり効果などその他の効果を分離して評価するのが精密累積法の特徴である．

6.3.2 モデルケース 2

表 6.7 をみてほしい．この場合，明らかに A_1 と A_2 では優劣がつく．列に線形スコアを与えれば，平均は A_2 の方が大きいし，ばらつきも A_2 の方が小さい．

表 6.7 モデルケース 2

	悪い	普通	よい	計
A_1	30	0	30	60
A_2	20	0	40	60

このデータを累積法で処理すると，分散分析表はモデルケース 1 の表 6.4 と完全に一致する．これに対し累積カイ 2 乗法では，当然のことながら χ^{*2} はケース 1 と同一だが，自由度が変化し，$d = 2$，$f = 1$ となる．これは，このケースでは，「普通」に対する度数が 0 で，「普通」というカテゴリーが結果的に意味をなさなかったからである．この自由度の変化により，はじめから 2×2 の分割表に対する χ^2 適合度検定を行ったのと結果が一致するという整合性をもつ．

精密累積法を行ったときの分散分析表を表 6.8 に示す．これからわかるように，平均が異なるのだから当然 S_A は 0 にはならない．その一方で，ばらつき

表 6.8 精密累積法の分散分析表 (ケース 2)

要因		平方和	自由度	平均平方	F 比
0 次要因	CT	61.667	1	61.667	
1 次要因	A	1.667	1	1.667	3.47
1 次誤差	e_1	56.667	118	0.480	
ω 次要因	ω	0	1	0	
	$A \times \omega$	0	1	0	
ω 次誤差	e_2	0	118	0	
	T	120	240		

が A 間で異なるようにみえるものの, $S_{A \times \omega}$ は 0 になる. これはやはり,「普通」の度数が 0 であることに起因している. このあたりの事情をもう少し考察してみよう.

まず, 座標因子 ω の主効果とは, 因子 ω の水準が進むにつれて精密累積データが平均的にどの程度減少するかを意味する. しかし, 最後の組 (この場合は ω_3) は解析からはずれるので, ω_1 から ω_2 への減少量で計られる. この減少量は「普通」の度数に他ならない. このケースでは「普通」の度数が A_1, A_2 ともに 0 なので, ω の主効果はなく, また交互作用 $A \times \omega$ もない. 一般に, 因子 ω の水準数が 4 以上のとき, ω の効果は両端以外のカテゴリーの度数で計られ, その A 間での違いが $A \times \omega$ となる. 表 6.7 で「悪い」と「普通」の度数を入れ替えると, 実質的には 2 組しかないにもかかわらず, 交互作用 $A \times \omega$ が現れる. このように座標因子の水準数が少ないときには, $A \times \omega$ の解釈には注意が必要である.

6.3.3 モデルケース 3

表 6.9 のケースを考えよう. これは, A_1 と A_2 で度数がシフトしているケースである. A_2 が望ましいことはいうまでもなく, 累積法, 累積カイ 2 乗法では, 因子 A は高度に有意になる. また, この場合, A 間でばらつきに差がないとみるのはきわめて自然であり, 精密累積法で $S_{A \times \omega} = 0$ となるのは, その意味で都合がよい. しかし, この理由は前項に述べたように「普通」の度数が A 間で等しいからであり, むしろまれなケースとみた方がよい.

表 6.9　モデルケース 3

	悪い	普通	よい	計
A_1	30	30	0	60
A_2	0	30	30	60

6.4　累積法と累積カイ 2 乗法に関する若干の考察

6.4.1　自由度の問題

　累積法と累積カイ 2 乗法を比べたとき，その自由度の違いが挙げられる．前述のように，累積法での I 組の変動と II 組の変動は相関をもつので，単に自由度をそれぞれ 2 倍にするというやり方は確かにまずい．しかし，田口氏自身はそのことは百も承知で，田口 (1976) では，実効自由度の説明が詳細になされている．実効自由度を用いれば，検定は保守的になる．このように，自由度は第 1 種の誤りに影響するが，「差がないときは，どちらを採用しても損失がない」という論理から，簡便法が使われているとみなせる．

6.4.2　誤差分散の評価

　累積法と累積カイ 2 乗法の決定的な違いは，誤差分散の評価方法である．前者では，あくまでデータから求め，分布を一切仮定しないのに対し，後者では，計数値本来のサンプリング誤差から求めている．Nair (1986) も後者の立場をとっている．

　ところが，「あくまでデータから誤差の大きさを求める」というのは，累積法の基本方針である．累積法でも精密累積法でも誤差変動の計算は，基本的に分割実験でのそれにもとづいており，1 次誤差，2 次誤差と実験誤差を考慮しながら求めていく．これに対し，通常の分割表モデルは，1.1 節に述べたように，サンプリング方式はいくつか考えられているものの，実験誤差というものが十分考慮されているとは言いがたい．すなわち，通常の χ^2 適合度検定や累積カイ 2 乗法では，最も下位のサンプリング誤差を基準に有意性が判定される．実はこのことは p 管理図をはじめとする計数値管理図にも共通する点である．

　田口 (1976) では，累積法導入の説明の中で，χ^2 適合度検定の欠点として

1) 要因効果の大きさの評価が不適当である.

2) χ^2 適合度検定は誤差分散の評価がまずい

の 2 点を挙げている. 1) については, 指向性検定の立場からは, まさしくその通りであり, 今日ではほぼ決着のついたところであろう. 一方, 2) の理由としてはインドのヒンドスタン航空機会社で行われた実験を例に挙げ, そこでは有意になるべきでない因子が χ^2 適合度検定で 1%有意になったことを理由にしている. この場合本質的なことは, 田口 (1976) に述べられているように, この実験が多段の分割実験であり, 有意になるべきでない因子の変動の中に 2 次誤差 (部品間変動) が含まれていたことである. この意味において, サンプリング誤差を基準にした検定は確かにまずいことになる.

6.4.3　水準間の優劣判定

モデルケース 1 でみたように, 累積法と累積カイ 2 乗法は位置効果以外に散らばり効果が主効果に含まれるので, A_1 と A_2 の間に違いがあると判定した. ただし, どちらがよいとまではいってくれない. 確かに, この場合, どちらをよしとするかは状況に依存しそうである. たとえば, 開発段階では, 少しでもよいものができる A_1 を選ぶかもしれない. これに対し, 製造段階では, より安定した A_2 を選ぶかもしれない. 極端な場合として, 度数が 0, 60, 0 の場合を考えれば, こちらを選ぶだろう. いずれにせよ, 統計解析では A_1 と A_2 の間で違いがあるという結論に留め, 優劣判定は研究者に任せるべきであろう.

7

オッズ比に関する統計的推測

7.1 等オッズ比性の検定

7.1.1 2つの2値入出力系の比較問題

オッズ比については，1.4 節で導入した．また，3.1 節では三元分割表で，「母オッズ比がすべての層で 1 である」を帰無仮説にしたときのマンテル・ヘンツェル検定を紹介した．この節と次の節では「母オッズ比がすべての層で等しい」を帰無仮説にしたときの尤度比検定を論じる．

たとえば，検査工程で品物を良品と不良品に選別する検査機を考えよう．この検査機システムに対する入力を品物の真の状態，出力を判定状態とし，いずれの状態も良品，不良品の 2 値で表されるならば，この検査機は 2 値入出力系とみなせる．このとき，検査の判定ミスには，良品を不良品と誤判定する第 1 種の誤りと，不良品を良品と誤判定する第 2 種の誤りがあり，これらが通常トレードオフの関係にあるので，2 種類の誤りを考慮した評価測度が望まれる．タグチメソッドでは，この点を考慮した 2 値入出力系の SN 比が「標準 SN 比」の名で提案されている．

いま，同じ目的機能をもつ 2 つの検査機 A_1 と A_2 があり，これらの性能評価のために次のような評価試験を行ったとする．精密測定で良品に判定された 100 個の品物と，不良品に判定された 100 個の品物を用意して，それぞれ無作為に 50 個ずつに分けて，2 つの検査機に割り付ける．各検査機で 100 個 (良品 50 個と不良品 50 個) の品物に対して良不良の判定をした結果を表 7.1 のようにまとめる．このとき，精密測定での判定を真値とみなす．検査の判定ミスには上述の 2 種類があるから，表 7.1 の場合，A_1 と A_2 の優劣比較はそれほど自明ではない．しかし，この試験データから標準 SN 比を用いることで，2 つの検査

126   7. オッズ比に関する統計的推測

表 7.1 2つの2値入出力系を比較した試験データの数値例

A_1		判定			A_2		判定		
		良	不良	計			良	不良	計
真	良	36	14	50	真	良	29	21	50
	不良	18	32	50		不良	3	47	50

機の性能をそれぞれ定量化できる.

　ところで, 表 7.1 のような計数試験データにはサンプリング誤差がある. したがって, サンプリング誤差のもとで, 2つの検査機性能の優劣を判定する場合, とくにその判定が購入機器の選定に結びつくような場合には, その判定に科学的根拠を与える必要がある. 現在のところ, 科学的根拠を与える論理は, 統計的仮説検定をおいて他にない. タグチメソッドでは, 統計的仮説検定を意識的に使用していないようであるが, SN 比による性能評価が統計的方法として国際的に認知されるには, SN 比に関する有意差検定を明示することが不可欠である. これを与えるのが本節の目的である.

7.1.2　問題の定式化

　表 7.1 の数値例を統計的に定式化する. 2×2 分割表データの統計モデルを表 7.2 に示す. 表 7.1 の数値例は行和が与えられた分割表であるから, 行に入力 (信号) M をとり, 列に出力 (反応) y をとったとき, M_i において y_j に反応する確率を p_{ij} と表記する.

表 7.2 2×2 分割表データの統計モデル

	y_1	y_2	計
M_1	p_{11}	p_{12}	1
M_2	p_{21}	p_{22}	1

　この 2×2 分割表でのオッズ比は

$$\psi = \frac{p_{11}/p_{12}}{p_{21}/p_{22}} = \frac{p_{11}p_{22}}{p_{12}p_{21}} \tag{7.1}$$

である.

7.1 等オッズ比性の検定

タグチメソッドでの標準 SN 比は次の通りである. 表 7.2 の統計モデルのもとで, 共通の誤り率と呼ばれる p_0 を, (7.1) 式のオッズ比を用いて

$$p_0 = \frac{1}{1 + \sqrt{\psi}}$$

と定める. この p_0 を用いて, 標準 SN 比は

$$\eta_0 = -10 \log \left[\frac{1}{(1 - 2p_0)^2} - 1 \right] \tag{7.2}$$

と定義されている. よって標準 SN 比はオッズ比と本質的に等価である.

オッズ比の最尤推定量は

$$\hat{\psi} = \frac{n_{11}/n_{12}}{n_{21}/n_{22}} = \frac{n_{11}n_{22}}{n_{12}n_{21}} \tag{7.3}$$

すなわち標本オッズ比である. 表 7.1 のデータで標本オッズ比を求めると

$$A_1 \text{ では } \frac{36 \times 32}{14 \times 18} = 4.57$$

$$A_2 \text{ では } \frac{29 \times 47}{3 \times 21} = 21.63$$

となるので, A_2 の方が判定能力は高いと評価される. 両者の間の統計的有意差を問うことが本節で扱う問題である.

標本オッズ比の分布は歪んでいるので, 対数をとることが多い. 標本対数オッズ比の漸近標準誤差 ASE は

$$\text{ASE}(\log \hat{\psi}) = \sqrt{\frac{1}{n_{11}} + \frac{1}{n_{12}} + \frac{1}{n_{21}} + \frac{1}{n_{22}}} \tag{7.4}$$

となる. これよりオッズ比に対する近似的信頼区間が得られる.

7.1.3 対数線形モデルとの関係

表 7.1 は 2×2 の分割表が 2 枚あり, 行と列の中身が共通しているので, これらを 1 枚の三元分割表にまとめることができる. その形を一般的に表現すると表 7.3 のようになる. $M_i y_j A_k$ での度数を n_{ijk} と表記している. さて, $M_i A_k$ で y_j に反応する確率を p_{ijk} とし, これに対して対数線形モデル

$$\log p_{ijk} = \mu + \alpha_i + \beta_j + \gamma_k + (\alpha\beta)_{ij} + (\alpha\gamma)_{ik} + (\beta\gamma)_{jk} + (\alpha\beta\gamma)_{ijk} \tag{7.5}$$

128　　　　　　　　　7. オッズ比に関する統計的推測

表 **7.3**　信号と出力および検査機の三元分割表

	A_1		A_2	
	y_1	y_2	y_1	y_2
M_1	n_{111}	n_{121}	n_{112}	n_{122}
M_2	n_{211}	n_{221}	n_{212}	n_{222}

を想定する. 3.3 節と同様に右辺に現れる各母数は添え字について和をとったときに 0 となるという制約をおけば, A_k における M_i でのオッズの対数は

$$\log \frac{p_{i1k}}{p_{i2k}} = \beta_1 - \beta_2 + (\alpha\beta)_{i1} - (\alpha\beta)_{i2} + (\beta\gamma)_{1k} - (\beta\gamma)_{2k} + (\alpha\beta\gamma)_{i1k} - (\alpha\beta\gamma)_{i2k}$$

である. よって, A_k でのオッズ比の対数は

$$\log \frac{p_{11k}p_{22k}}{p_{12k}p_{21k}} = 4(\alpha\beta)_{11} + 4(\alpha\beta\gamma)_{11k} \tag{7.6}$$

となる. これより, A_1 と A_2 でオッズ比が等しいことは, (7.6) 式右辺が添え字 k をもたないこと, すなわち, すべての i, j, k で $(\alpha\beta\gamma)_{ijk} = 0$ であることと等価である.

4.1 節に述べたように, 三元分割表での対数線形モデル

$$\log p_{ijk} = \mu + \alpha_i + \beta_j + \gamma_k + (\alpha\beta)_{ij} + (\alpha\gamma)_{ik} + (\beta\gamma)_{jk} \tag{7.7}$$

はグラフィカルモデルではないが, 検査機 (一般には層) A_1 と A_2 間でオッズ比が等しいことを意味するモデルになっている.

7.1.4　検定統計量と IPF

(7.5) 式の対数線形モデルにおいて, 帰無仮説は

$$H_0 : すべての\ i, j, k\ で\ (\alpha\beta\gamma)_{ijk} = 0$$

で, 対立仮説は (7.5) 式のフルモデルである. 帰無仮説のもとでの期待度数を m_{ijk} とすれば, 尤度比検定統計量は, 3.3 節に与えた (3.15) 式になる.

さて, 3 因子交互作用のみがない (7.7) 式の対数線形モデルはグラフィカルモデルでないため, 分解可能モデルでもない. そのため, 期待度数の最尤推定には反復計算が必要になる. この反復計算アルゴリズムとして IPF (iterative proportional fitting) が知られている. これは次のように手順化される.

1) すべての初期推定値 $m_{ijk}^{(0)}$ を機械的に 1 とおく.

2) $m_{ijk}^{(1)} = m_{ijk}^{(0)} \dfrac{n_{ij+}}{m_{ij+}^{(0)}}$

$m_{ijk}^{(2)} = m_{ijk}^{(1)} \dfrac{n_{i+k}}{m_{i+k}^{(1)}}$

$m_{ijk}^{(3)} = m_{ijk}^{(2)} \dfrac{n_{+jk}}{m_{+jk}^{(2)}}$

このステップ 2) を所定の精度に達するまで繰り返す.表 7.1 のデータの IPF を用いた結果は,表 7.4 のようになる.この期待度数から尤度比検定統計量を算出すると

$$2 \log \Lambda = 4.36$$

となり,p 値は 0.037 となる.よって有意水準 5%のもとで,2 つの検査機 A_1 と A_2 の間でオッズ比の統計的有意差があるといえる.

表 7.4　表 7.1 に IPF を用いて算出した期待度数

A_1		判定			A_2		判定		
		良	不良	計			良	不良	計
真	良	38.92	11.08	50	真	良	26.08	23.92	50
	不良	15.08	34.92	50		不良	5.92	44.08	50

7.2　複数の 2×2 分割表が従属な場合

7.2.1　問題の背景

たとえば,自動販売機で正貨と偽貨を判定するユニットを考えよう.前節と同様に,このユニットに対する入力を貨幣の真の状態,出力を判定状態とすれば,いずれの状態も正貨,偽貨の 2 値で表されるので,このユニットは 2 値入出力系とみなせる.

いま,2 つの貨幣判別ユニット A_1 と A_2 があり,これらの性能比較のための評価試験を行うとする.前節での試験方法は,100 個の正貨と 100 個の偽貨を用意し,それぞれを無作為に 50 個ずつに分けて,2 つのユニットに割り付ける

ものであった．しかし，正貨と偽貨の判定は非破壊計測で行われるので，同一の試料を 2 つのユニットでそれぞれ判定させる方がより現実的である．つまり，用意した 100 個の正貨と 100 個の偽貨を 2 つのユニットで判定させる．その場合に得られる度数データは，たとえば表 7.5 のようになり，表 7.5 の行和は表7.1 のそれの 2 倍である．

表 7.5 同一試料を用いた従属な 2 枚の二元分割表の数値例

A_1		判定			A_2		判定		
		正	偽	計			正	偽	計
真	正	74	26	100	真	正	57	43	100
	偽	40	60	100		偽	5	95	100

表 7.5 においては，A_1 と A_2 で使われた正貨は同じであるから，(74,26) という度数データと (57,43) という度数データが独立でなくなる．偽貨についても同様である．すなわち，2 枚の 2×2 分割表で 2 行の度数データに対応関係が生じ従属となる．このような従属な 2 値反応データに対して，尤度比検定統計量を導出するとともに，従属性の影響を定量的に評価することが本節の目的である．

7.2.2 従属な 2×2 分割表の定式化

従属な 2×2 分割表の統計モデルは既に 3.2.2 項で論じている．2 つのユニット A_1 と A_2 で同じ試料が用いられているので，生データは，ある試料の A_1 と A_2 での判定結果が対になった形で与えられる．それは表 3.3 の A を M に，N を A にそれぞれ置き換えたものとなる．ここに $n_{ij}^{(k)}$ は大きさ $n^{(k)}$ の M_k の試料のうち，A_1 では y_i に反応し，A_2 では y_j に反応した度数である．この表記にもとづくと，オッズ比算出のための 2 枚の二元分割表は表 3.4 の A を M に，N を A にそれぞれ置き換えたものになり，セル度数が表 3.3 の周辺度数から形成されている．

また，$p_{ij}^{(k)}$ を M_k の試料において，A_1 では y_i に反応し，A_2 では y_j に反応する確率とすると，真の状態 M_1 と M_2 ごとに，総和一定の 4 項分布が与えられる．この 4 項分布のパラメータが同じ試料を用いたことによる従属性を規定する．

7.2.3 尤度比検定統計量の導出

2 つのユニット A_1 と A_2 での判別性能を表すオッズ比は，それぞれ

$$\psi_1 = \frac{p_{1+}^{(1)} p_{2+}^{(2)}}{p_{2+}^{(1)} p_{1+}^{(2)}}, \qquad \psi_2 = \frac{p_{+1}^{(1)} p_{+2}^{(2)}}{p_{+2}^{(1)} p_{+1}^{(2)}}$$

と表 3.3 の周辺度数に対応するパラメータを用いて表現することができる．2 枚の 2 × 2 分割表間での等オッズ比性の帰無仮説は

$$\mathrm{H}_0 : \psi_1 = \psi_2$$

である．

パラメータの値に何の制約もない対立仮説のもとでの $p_{ij}^{(k)}$ の最尤推定量は

$$\hat{p}_{ij}^{(k)} = \frac{n_{ij}^{(k)}}{n^{(k)}} \tag{7.8}$$

である．これに対して，上の帰無仮説のもとでの期待度数を $m_{ij}^{(k)}$ と記せば，尤度比検定統計量は

$$2 \log \Lambda = 2 \sum_{k=1}^{2} \sum_{i=1}^{2} \sum_{j=1}^{2} n_{ij}^{(k)} \log \frac{n_{ij}^{(k)}}{m_{ij}^{(k)}} \tag{7.9}$$

で与えられる．

ここで，期待度数 $m_{ij}^{(k)}$ の求め方を，数値例を通して説明する．いま，表 7.5 で例示した従属な 2 枚の二元分割表の背後に，表 7.6 のような対応のある二元表があったとする．表 7.6 の周辺度数が表 7.5 のセル度数になっていることを確認されたい．

まず，表 7.5 の観測セル度数に対して IPF によってオッズ比が等しくなるような期待セル度数を求めた結果を表 7.7 に示す．

表 7.6 表 7.5 の背後にある対応のある度数データの数値例

M_1		A_2			M_2		A_2		
		y_1	y_2	計			y_1	y_2	計
A_1	y_1	51	23	74	A_1	y_1	3	37	40
	y_2	6	20	26		y_2	2	58	60
	計	57	43	100		計	5	95	100

132 　　　　　　7. オッズ比に関する統計的推測

表 7.7 表 7.5 のデータに対して IPF を適用した結果

A_1	y_1	y_2	計	A_2	y_1	y_2	計
M_1	80.33	19.67	100	M_1	50.67	49.33	100
M_2	33.67	66.33	100	M_2	11.33	88.67	100
計	114	86		計	62	138	

表 7.8 IPF の結果得られる対応のある期待度数表

		A_2		
		y_1	y_2	
A_1	y_1	x	$m_{+1} - x$	m_{1+}
	y_2	$m_{+1} - x$	$m_{2+} - m_{+1} + x$	m_{2+}
		m_{+1}	m_{+2}	

　このアルゴリズムで得られた値は，対応のある度数表での周辺期待度数に対する最尤推定量になる．すなわち，この結果として得られる対応のある期待度数表は表 7.8 に示すものになる．このとき，M_1 と M_2 は別々に求めればよいので，上付き括弧添え字 (k) は省略している．

　次に，表 7.8 の期待セル度数を求める．1 つの期待セル度数が求められれば，残りは周辺期待度数から定まる．セル $(1,1)$ での期待度数を x とすれば，帰無仮説のもとでの対数尤度は

$$F = n_{11} \log x + n_{12} \log(m_{1+} - x) + n_{21} \log(m_{+1} - x) + n_{22} \log(m_{2+} - m_{+1} + x) + C \tag{7.10}$$

となる．ここに C は x に依存しない定数である．これを最大にすべく (7.10) 式を x で微分して 0 とおけば

$$\frac{d}{dx}F = \frac{n_{11}}{x} - \frac{n_{12}}{m_{1+} - x} - \frac{n_{21}}{m_{+1} - x} + \frac{n_{22}}{m_{2+} - m_{+1} + x} = 0 \tag{7.11}$$

を得る．これより x についての次の 3 次方程式

$$n_{11}(m_{1+} - x)(m_{+1} - x)(m_{2+} - m_{+1} + x) - n_{12}x(m_{+1} - x)(m_{2+} - m_{+1} + x)$$
$$- n_{21}x(m_{1+} - x)(m_{2+} - m_{+1} + x) + n_{22}x(m_{1+} - x)(m_{+1} - x) = 0 \tag{7.12}$$

を制約 $0 \leq x \leq \min(m_{1+}, m_{+1})$，$0 \leq m_{2+} - m_{+1} + x$ のもとで解けば，期待セル度数が求められる．この制約を満たす 3 次方程式の実根はただ 1 つ存在する．

7.2 複数の 2×2 分割表が従属な場合

表 7.9 表 7.7 で与えられる期待周辺度数より求めた期待セル度数

M_1		A_2			M_2		A_2		
		y_1	y_2	計			y_1	y_2	計
A_1	y_1	47.02	33.31	80.33	A_1	y_1	4.83	28.84	33.67
	y_2	3.65	16.02	19.67		y_2	6.50	59.83	66.33
	計	50.67	49.33	100		計	11.33	88.67	100

表 7.7 で与えられる期待周辺度数より求めた期待セル度数を表 7.9 に示す．この期待度数を (7.9) 式に代入した尤度比検定統計量の値は $2 \log \Lambda = 13.34$ となり，その p 値は 0.00026 である．

7.2.4　別な検定統計量と従属性の影響

前項で求めた尤度比検定統計量は，IPF という反復計算と 3 次方程式を数値的に解く作業があるため，統計量が明示的に表現されない．そのため，検定統計量の性質，とくに同じ試料を用いることで生じる従属性が検定に及ぼす影響を解析的に調べることが困難である．そこで本項では，尤度比検定統計量に代わるヒューリスティックな検定統計量を考え，その統計量の漸近分散を通じて上記の影響を考察する．

表 3.4 のように観測度数が要約されたとき，2 つの標本オッズ比は

$$\hat{\psi}_1 = \frac{n_{1+}^{(1)} n_{2+}^{(2)}}{n_{2+}^{(1)} n_{1+}^{(2)}}, \qquad \hat{\psi}_2 = \frac{n_{+1}^{(1)} n_{+2}^{(2)}}{n_{+2}^{(1)} n_{+1}^{(2)}}$$

である．そこで，帰無仮説 $H_0 : \psi_1 = \psi_2$ に対する素朴な検定統計量として

$$T = \log \hat{\psi}_1 - \log \hat{\psi}_2 \tag{7.13}$$

を考える．(7.13) 式の漸近分散を求めれば，最尤推定量の漸近正規性にもとづく近似的な検定法を導出できる．まず

$$V(\log \hat{\psi}_1 - \log \hat{\psi}_2) = V(\log \hat{\psi}_1) + V(\log \hat{\psi}_2) - 2Cov(\log \hat{\psi}_1, \log \hat{\psi}_2)$$

であり，右辺第 1 項と第 2 項の推定値には，(7.4) 式が利用できる．残る漸近共分散は

$Cov(\log \hat\psi_1, \log \hat\psi_2)$

$$= Cov\left(\log \frac{n_{1+}^{(1)} n_{2+}^{(2)}}{n_{2+}^{(1)} n_{1+}^{(2)}}, \log \frac{n_{+1}^{(1)} n_{+2}^{(2)}}{n_{+2}^{(1)} n_{+1}^{(2)}}\right)$$

$$= Cov(\log n_{1+}^{(1)} + \log n_{2+}^{(2)} - \log n_{2+}^{(1)} - \log n_{1+}^{(2)}, \log n_{+1}^{(1)} + \log n_{+2}^{(2)} - \log n_{+2}^{(1)} - \log n_{+1}^{(2)})$$

$$= \frac{Cov(n_{1+}^{(1)}, n_{+1}^{(1)})}{E(n_{1+}^{(1)})E(n_{+1}^{(1)})} - \frac{Cov(n_{1+}^{(1)}, n_{+2}^{(1)})}{E(n_{1+}^{(1)})E(n_{+2}^{(1)})} + \frac{Cov(n_{2+}^{(2)}, n_{+2}^{(2)})}{E(n_{2+}^{(2)})E(n_{+2}^{(2)})} - \frac{Cov(n_{2+}^{(2)}, n_{+1}^{(2)})}{E(n_{2+}^{(2)})E(n_{+1}^{(2)})}$$

$$\quad - \frac{Cov(n_{2+}^{(1)}, n_{+1}^{(1)})}{E(n_{2+}^{(1)})E(n_{+1}^{(1)})} + \frac{Cov(n_{2+}^{(1)}, n_{+2}^{(1)})}{E(n_{2+}^{(1)})E(n_{+2}^{(1)})} - \frac{Cov(n_{1+}^{(2)}, n_{+2}^{(2)})}{E(n_{1+}^{(2)})E(n_{+2}^{(2)})} + \frac{Cov(n_{1+}^{(2)}, n_{+1}^{(2)})}{E(n_{1+}^{(2)})E(n_{+1}^{(2)})}$$

と展開できる．ここで，たとえば $Cov(n_{1+}^{(1)}, n_{+1}^{(1)})$ は，$n^{(1)}$ を所与として，4 つのセル度数 $(n_{11}^{(1)}, n_{12}^{(1)}, n_{21}^{(1)}, n_{22}^{(1)})$ が 4 項分布に従うときの，周辺度数 $n_{1+}^{(1)}$ と $n_{+1}^{(1)}$ との漸近共分散なので

$$Cov(n_{1+}^{(1)}, n_{+1}^{(1)})$$

$$= Cov(n_{11}^{(1)} + n_{12}^{(1)}, n_{11}^{(1)} + n_{21}^{(1)})$$

$$= V(n_{11}^{(1)}) + Cov(n_{11}^{(1)}, n_{21}^{(1)}) + Cov(n_{12}^{(1)}, n_{11}^{(1)}) + Cov(n_{12}^{(1)}, n_{21}^{(1)})$$

$$= n^{(1)} p_{11}^{(1)}(p_{12}^{(1)} + p_{21}^{(1)} + p_{22}^{(1)}) - n^{(1)} p_{11}^{(1)} p_{21}^{(1)} - n^{(1)} p_{12}^{(1)} p_{11}^{(1)} - n^{(1)} p_{12}^{(1)} p_{21}^{(1)}$$

$$= n^{(1)}(p_{11}^{(1)} p_{22}^{(1)} - p_{12}^{(1)} p_{21}^{(1)})$$

である．他の漸近共分散も同様である．これより

$$Cov(\log \hat\psi_1, \log \hat\psi_2)$$

$$= \frac{p_{11}^{(1)} p_{22}^{(1)} - p_{12}^{(1)} p_{21}^{(1)}}{n^{(1)}}\left(\frac{1}{p_{1+}^{(1)} p_{+1}^{(1)}} + \frac{1}{p_{1+}^{(1)} p_{+2}^{(1)}} + \frac{1}{p_{2+}^{(1)} p_{+1}^{(1)}} + \frac{1}{p_{2+}^{(1)} p_{+2}^{(1)}}\right) \tag{7.14}$$

$$\quad + \frac{p_{11}^{(2)} p_{22}^{(2)} - p_{12}^{(2)} p_{21}^{(2)}}{n^{(2)}}\left(\frac{1}{p_{1+}^{(2)} p_{+1}^{(2)}} + \frac{1}{p_{1+}^{(2)} p_{+2}^{(2)}} + \frac{1}{p_{2+}^{(2)} p_{+1}^{(2)}} + \frac{1}{p_{2+}^{(2)} p_{+2}^{(2)}}\right)$$

を得る．この漸近共分散の推定値を得るには，$p_{ij}^{(k)}$ を (7.8) 式に与えた最尤推定値で置き換えればよい．

さて，上に与えた漸近共分散の (7.14) 式より

$$p_{11}^{(1)} p_{22}^{(1)} > p_{12}^{(1)} p_{21}^{(1)} \quad かつ \quad p_{11}^{(2)} p_{22}^{(2)} > p_{12}^{(2)} p_{21}^{(2)}$$

ならば

$$Cov(\log \hat{\psi}_1, \log \hat{\psi}_2) > 0$$

となるので

$$V(\log \hat{\psi}_1 - \log \hat{\psi}_2) < V(\log \hat{\psi}_1) + V(\log \hat{\psi}_2) \tag{7.15}$$

であることがわかる．すなわち，同じ試料に対する2つのユニットでの判定に正の関連があれば，独立のときよりも，(7.12)式の検定統計量の漸近分散は小さい．

正貨と偽貨の判定に限らず，ある良品と不良品の判定を目的とする2つのユニットがあるとき，同じ試料に対する判定が正の関連をもつと想定するのは自然である．良品分布の中心付近に位置する試料に対しては，ほとんどすべてのユニットが良品と判定し，良品分布の端に位置する試料については，各ユニットともに不良品と判定する確率が大きくなると考えられるからである．よって，このように正の関連が想定できるときには，表7.1のように，用意した100個の正貨を無作為に50個ずつに分けることはきわめて非効率となる．さらに，(7.15)式が意味するところは，全部で200個の正貨と200個の偽貨を用意してこれらを100個ずつに分けたときよりも，全部で100個の正貨と100個の偽貨を用意して，それらを2つのユニットで判定させた方が，推定効率がよいことである．

7.3 オッズ比に関する併合可能性

7.3.1 幾何学的解釈

7.1節と7.2節で与えた等オッズ比性の検定で帰無仮説「すべての層でオッズ比が等しい」が棄却されなかったとき，全部で K 枚ある 2×2 分割表を併合して，共通オッズ比を

$$\hat{\psi} = \frac{n_{11+} n_{22+}}{n_{12+} n_{21+}}$$

で推定することが考えられる．しかし，この場合はシンプソンのパラドックスが起きる可能性があるので要注意である．

このようなパラドックスは Simpson (1951) 以前にも発見されていた．Yule (1903) のパラドックスとは次のものである．すべての $k = 1, 2, \ldots, K$ で

$$\frac{n_{11k}n_{22k}}{n_{12k}n_{21k}} = 1$$

であるのに，これを併合したとき

$$\frac{n_{11+}n_{22+}}{n_{12+}n_{21+}} \neq 1$$

となってしまう現象である．すなわち，各層では行と列に関連がないのに，併合することで見かけ上関連が現れる現象である．この項では，ユールのパラドックスを幾何学的に解釈してみよう．

図 7.1(a) のように，横軸に n_{11k} を，縦軸に n_{12k} をとったベクトル (n_{11k}, n_{12k}) を考える．同様に，横軸に n_{21k} を，縦軸に n_{22k} をとったベクトル (n_{21k}, n_{22k}) を定める．このベクトルの向きはそれぞれオッズを与え，2 つのベクトルの上下関係はオッズ比を意味する．たとえばオッズ比が 1 ならば，2 つのベクトルは同じ向きをもっている．また，$K = 2$ のとき，併合後のオッズを示す $(n_{111} + n_{112}, n_{121} + n_{122})$ は，2 つのベクトル (n_{111}, n_{121}) と (n_{112}, n_{122}) の合成である．図 7.1(b) はユールのパラドックスを例示したものである．シンプソンのパラドックスも同様にして作成できる．

このような幾何学的解釈はシンプソンのパラドックスを避ける条件を見出すうえでも有効である．結論からいえば，行和の比が層間で一定

$$\frac{n_{11k} + n_{12k}}{n_{21k} + n_{22k}} = \text{Const.}, \quad k = 1, 2, \ldots, K \tag{7.16}$$

であれば，シンプソンのパラドックスは起こらない．これは，要因側の標本数を

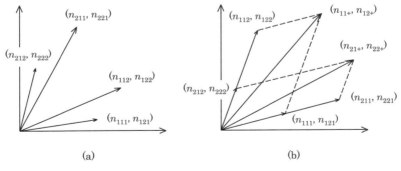

図 **7.1** オッズのベクトル表示とユールのパラドックス

与える予見研究で重要な指針になる．これを幾何学的に説明するには，図7.2のように，横軸に n_{11k} と n_{12k} を，縦軸に n_{21k} と n_{22k} をとったベクトル (n_{11k}, n_{21k}) と (n_{12k}, n_{22k}) を考えるとよい．これらの合成ベクトル $(n_{11k}+n_{12k}, n_{21k}+n_{22k})$ は，(7.16) 式よりすべての k で同じ向きをもっている．

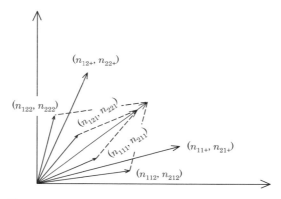

図 7.2 シンプソンのパラドックスを避ける十分条件

いま，すべての k で

$$n_{11k} n_{22k} > n_{12k} n_{21k}$$

であれば

$$\frac{n_{22k}}{n_{12k}} > \frac{n_{21k}}{n_{11k}}$$

であるから，すべての k で，ベクトル (n_{11k}, n_{21k}) は合成ベクトル $(n_{11k}+n_{12k}, n_{21k}+n_{22k})$ よりも下に位置し，ベクトル (n_{12k}, n_{22k}) が上に位置する．よって，併合後のベクトル (n_{11+}, n_{21+}) は，共通の向きをもつ $(n_{11k}+n_{12k}, n_{21k}+n_{22k})$ よりも下に位置し，(n_{12+}, n_{22+}) は上に位置する．よって

$$\frac{n_{22+}}{n_{12+}} > \frac{n_{21+}}{n_{11+}}$$

となり，パラドックスは生じない．

また，オッズ比は行と列について対称な尺度であるから，列和の比について

$$\frac{n_{11k} + n_{21k}}{n_{12k} + n_{22k}} = \text{Const.}, \quad k = 1, 2, \ldots, K$$

138 　 7. オッズ比に関する統計的推測

であれば，やはりシンプソンのパラドックスは起こらない．これは，反応側の標本数を与える回顧研究で役立つ．

7.3.2 オッズ比の併合可能条件

上記のパラドックスでは，オッズ比が1より大きいか小さいかが鍵となっていた．すなわち，2つの処理条件の優劣比較の逆転に関心があったといえる．ここでは，もう少し条件を厳しくして，オッズ比の値そのものが保たれる条件を考えよう．この場合，各層でのオッズ比がすべての層で等しいことが前提である．そうでなければ，併合後のオッズ比にもともと意味がない．これは対数線形モデルで3因子交互作用がないことに相当する．

○定理 7.1

項目 A が要因，B が反応，C が層の三元分割表で，各層で共通のオッズ比が併合後のオッズ比に等しくなる十分条件は

$$A \perp\!\!\!\perp C \mid B \quad \text{または} \quad B \perp\!\!\!\perp C \mid A$$

が成り立つことである．

この条件付き独立の条件は，層の数 $K = 2$ のときは必要十分条件であるが，$K \geq 3$ では必要条件ではない．しかし，$K \geq 3$ での必要十分条件は非常に複雑なので，応用上は併合可能性の実質的な判定条件として機能している．

2×2 分割表で $K = 2$ のときで，この定理をチェックしてみよう．前提として

$$\frac{n_{111} n_{221}}{n_{121} n_{211}} = \frac{n_{112} n_{222}}{n_{122} n_{212}}$$

である．いま，$B \perp\!\!\!\perp C \mid A$ であれば

$$\frac{n_{111}}{n_{112}} = \frac{n_{121}}{n_{122}} \quad (= m \text{ とおく})$$

$$\frac{n_{211}}{n_{212}} = \frac{n_{221}}{n_{222}} \quad (= n \text{ とおく})$$

であるから，併合後のオッズ比は

$$\frac{(n_{111} + n_{112})(n_{221} + n_{222})}{(n_{121} + n_{122})(n_{211} + n_{212})} = \frac{(1 + m)n_{112}(1 + n)n_{222}}{(1 + m)n_{122}(1 + n)n_{212}} = \frac{n_{112} n_{222}}{n_{122} n_{212}}$$

であり，各層で共通のオッズ比に一致する．$A \perp\!\!\!\perp C \mid B$ のときは

$$\frac{n_{111}}{n_{112}} = \frac{n_{211}}{n_{212}} \quad かつ \quad \frac{n_{121}}{n_{122}} = \frac{n_{221}}{n_{222}}$$

なので，同様に示すことができる．

参 考 文 献

1) Aoki, S. Hara, H. and Takemura, A. (2012)：*"Markov Bases in Algebraic Statistics,"* Springer Series in Statistics, Springer.

2) 秋庭雅夫，圓川隆夫，牧野晃己 (1981)："市場における品質向上期待の構造"，日本経営工学会誌，**32**(2)，104–110.

3) Diaconis, P. and Sturmfels, B. (1998)："Algebraic algorithms for sampling from conditional distributions," *Annals of Statistics*, **26**, 363–397.

4) Fisher, R. A. (1935)：*"The Design of Experiments,"* 1st edition (8th edition, 1966), Oliver and Boyd.

5) Freeman, G. H. and Halton, J. H. (1951)："Note on an exact treatment of contingency, goodness of fit and other problems of significance," *Biometrika*, **38**, 141–149.

6) Hastings, W. K. (1970)："Monte Carlo sampling methods using Markov chains and their applications," *Biometrika*, **57**, 97–109.

7) 広津千尋 (1983)：「統計的データ解析」，日本規格協会.

8) Hirotsu, C. (1986)："Cumulative chi-squared statistics as a tool for testing goodness of fit," *Biometrika*, **73**, 165–172.

9) JST CREST 日比チーム (編) (2011)：「グレブナー道場」，共立出版.

10) 狩野紀昭，瀬楽信彦，高橋文夫，辻新一 (1984)："魅力的品質と当り前品質"，品質，**14**(2)，147–156.

11) Mantel, N. and Haenszel, W. (1959)："Statistical aspects of the analysis of data from retrospective studies of disease," *Jour. Natl. Cancer Inst.*, **22**, 719–748.

12) Mehta, C. R. and Patel, N. R. (1983)："A network algorithm for performing Fisher's exact test in $r \times c$ contingency tables," *Jour. Amer. Statist. Assoc.*, **78**, 427–434.

13) Nair, V. N. (1986)："Testing in industrial experiments with ordered categorical data," *Technometrics*, **28**, 283–291.

14) Simpson, E. H. (1951)："The interpretation of interaction in contingency tables," *Jour. Roy. Statist. Soc.*, B, **13**, 238–241.

15) 田口玄一 (1966)：「統計解析」，丸善.

16) 田口玄一 (1976)：「第 3 版実験計画法 (上)」，丸善.

17) 田口玄一 (1977)：「第 3 版実験計画法 (下)」，丸善.

18) 竹内啓 (1973)："田口氏の累積法について"，品質管理，**24**，987–993.

19) 竹内啓，広津千尋 (1979)："計数データに関する累積カイ 2 乗法"，応用統計学，**8**，39–50.

参 考 文 献

20) 谷口徹也 (1988)：“耐久消費財の品質評価の経時変化ルールに関する研究”，昭和 62 年度東京工業大学経営工学科卒業論文.

21) Yule, G. U. (1903)：“Notes on the theory of association of attributes in statistics,” *Biometrika*, **2**, 121–134.

索　引

欧　字

χ^2 適合度検定　7
χ^2 分布　7, 8

IPF　128, 131

p 値　23, 29, 74, 97, 98

あ　行

一様最強力不偏検定　61
逸脱度　93
一般化固有方程式　38
一般化フィッシャー正確検定　27, 74
因果ダイアグラム　85
因数分解　80

オッズ比　24, 58

か　行

回顧研究　32
階層的対数線形モデル　81
階層的モデル　70
完全　78
完全因数分解性　92
完全グラフ　81
観測度数　7
官能検査　4

擬似相関　59
期待度数　7, 12–14
帰無仮説　7
帰無分布　23, 102, 104
既約　102
共通の誤り率　127
共変量　31
行和　1
局外母数　27

グラフィカルモデリング　78
グラフィカルモデル　78, 79
クリーク　78, 84
グレブナー基底　109
クロス集計　77

傾向のある対立仮説　112
ケース・コントロール研究　32
弦　83
検定関数　29, 74

交互作用　6
交互平均法　34
項目カテゴリー型データ　54
交絡因子　59
コホート研究　31
固有方程式　38
コレスポンデンス分析　34

さ　行

最適尺度法　34
最尤推定値　11, 13, 16
最尤推定量　7
座標因子　117
三角化　83
三元分割表　100

指向性検定　112
修正項　35
自由度　7, 8, 12–14
十分統計量　27, 74, 97, 105, 107
主効果　6
主効果モデル　14
条件付き独立　68
条件付き独立モデル　100
条件付き標本空間　97, 102, 103, 105, 106
条件付き分布　27
乗法モデル　92
処理　30
処理間平方和　35
シンプソンのパラドックス　58

推移確率行列　102, 104
数量化 III 類　34
スコア関数　8
スコア検定　8
スコアベクトル　9
スペクトル分解　50

正確検定　74, 97
生成集合　71, 84
精密累積法　117

相関係数　41
相関比　35
相似検定　27, 29
双対尺度法　34
双対性　39
総平方和　35

総和　1

た　行

対数オッズ比　25
対数線形モデル　69, 127
対数尤度　8, 11, 13
対比　116
対立仮説　7
互いに独立　69
互いに独立モデル　100
タグチメソッド　125
多元分割表　100
多項超幾何分布　5, 22, 28, 98, 100
多項分布　3, 8, 10, 12
多肢選択データ　54
多重クロス表　56, 77
単純集計　77
単調性の原理　96

中間特性　31
超幾何分布　22, 24, 27
治療　30

定時打ち切り　117
定常分布　102

特異値分解　52
独立モデル　10

な　行

ネイマン・ピアソンの基本定理　15
ネットワークアルゴリズム　29

は　行

曝露　31
バート表　56, 77
反応　2, 30

非周期　102

非破壊計測　130
非復元抽出　5
標準 SN 比　125

フィッシャー情報行列　8
フィッシャーの正確検定　22
部分独立　68
部分独立モデル　100
フリーマン・ハルトン検定　27
分解可能　82
分解可能モデル　83, 98
分割型直積配置　117
分離　81

閉路　83
偏差積和　41

ポアソン分布　6, 14
飽和モデル　7, 13

ま　行

マルコフ基底　105, 109
マルコフ部分基底　107
マルコフ連鎖　102, 105
マルコフ連鎖モンテカルロ法　102

道　81

無向グラフの分解　82
無向独立グラフ　78

無 3 因子交互作用モデル　101, 109

メトロポリス・ヘイスティングスアルゴリ
　　ズム　103

モンテカルロ法　97

や　行

有意確率　23
有意水準　12
有効数字　99, 100, 108
有向独立グラフ　85
尤度　16
尤度比検定　15

予見研究　31

ら　行

ラグランジュの未定乗数　43
ラグランジュの未定乗数法　11, 13, 18, 20,
　　21, 38, 71

累積カイ 2 乗法　115
累積度数データ　113
累積法　113

列和　1
連結　81

著者略歴

宮川 雅巳（みやかわ まさみ）

1957 年　千葉県に生まれる
1982 年　東京工業大学大学院理工学
　　　　研究科博士後期課程退学
現　在　東京工業大学工学院経営工
　　　　学系教授
　　　　工学博士

青木 敏（あおき さとし）

1973 年　静岡県に生まれる
2000 年　東京大学大学院工学系研究
　　　　科博士後期課程退学
現　在　神戸大学大学院理学研究科
　　　　教授
　　　　博士（情報理工学）

統計ライブラリー

分割表の統計解析
―二元表から多元表まで―　　　　　　　定価はカバーに表示

2018 年 5 月 25 日　初版第 1 刷

著　者	宮　川　雅　巳
	青　木　　　敏
発行者	朝　倉　誠　造
発行所	株式会社　朝　倉　書　店

東京都新宿区新小川町 6-29
郵 便 番 号　　162-8707
電　話　03（3260）0141
ＦＡＸ　03（3260）0180
http://www.asakura.co.jp

〈検印省略〉

© 2018 〈無断複写・転載を禁ず〉　　　　中央印刷・渡辺製本

ISBN 978-4-254-12839-0　C 3341　　　Printed in Japan

JCOPY ＜（社）出版者著作権管理機構 委託出版物＞

本書の無断複写は著作権法上での例外を除き禁じられています．複写される場合は，
そのつど事前に，（社）出版者著作権管理機構（電話 03-3513-6969，ＦＡＸ 03-3513-
6979，e-mail: info@jcopy.or.jp）の許諾を得てください．

東工大 宮川雅巳著
シリーズ〈予測と発見の科学〉1

統 計 的 因 果 推 論
―回帰分析の新しい枠組み―
12781-2 C3341　　　　A 5 判 192頁 本体3400円

「因果」とは何か？データ間の相関関係から，因果関係とその効果を取り出し表現する方法を解説。〔内容〕古典的問題意識／因果推論の基礎／パス解析／有向グラフ／介入効果と識別条件／回帰モデル／条件付き介入と同時介入／グラフの復元／他

中大 小西貞則・情報・システム研究機構 北川源四郎著
シリーズ〈予測と発見の科学〉2

情 報 量 規 準
12782-9 C3341　　　　A 5 判 208頁 本体3600円

「いかにしてよいモデルを求めるか」データから最良の情報を抽出するための数理的判断基準を示す〔内容〕統計的モデリングの考え方／統計的モデル／情報量規準／一般化情報量規準／ブートストラップ／ベイズ型／さまざまなモデル評価基準／他

中大 小西貞則・大分大 越智義道・東大 大森裕浩著
シリーズ〈予測と発見の科学〉5

計 算 統 計 学 の 方 法
―ブートストラップ，EMアルゴリズム，MCMC―
12785-0 C3341　　　　A 5 判 240頁 本体3800円

ブートストラップ，EMアルゴリズム，マルコフ連鎖モンテカルロ法はいずれも計算機を利用した複雑な統計的推論において広く応用され，きわめて重要性の高い手法である。その基礎から展開までを適用例を示しながら丁寧に解説する。

統数研 樋口知之編著
シリーズ〈予測と発見の科学〉6

デ ー タ 同 化 入 門
―次世代のシミュレーション技術―
12786-7 C3341　　　　A 5 判 256頁 本体4200円

データ解析（帰納的推論）とシミュレーション科学（演繹的推論）を繋ぎ，より有効な予測を実現する数理技術への招待〔内容〕状態ベクトル／状態空間モデル／逐次計算式／各種フィルタ／応用（大気海洋・津波・宇宙科学・遺伝子発現）／他

岡山大 長畑秀和著

Rで学ぶ 実 験 計 画 法
12216-9 C3041　　　　B 5 判 224頁 本体3800円

実験条件の変え方や，結果の解析手法を，R（Rコマンダー）を用いた実践を通して身につける。独習にも対応。〔内容〕実験計画法への導入／分散分析／直交表による方法／乱塊法／分割法／付録：R入門

岡山大 長畑秀和著

Rで学ぶ 多 変 量 解 析
12226-8 C3041　　　　B 5 判 224頁 本体3800円

多変量（多次元）かつ大量のデータ処理手法を，R（Rコマンダー）を用いた実践を通して身につける。独習にも対応。〔内容〕相関分析・単回帰分析／重回帰分析／判別分析／主成分分析／因子分析／正準相関分析／クラスター分析

岡山大 長畑秀和著

Rで学ぶ デ ー タ サ イ エ ン ス
12227-5 C3041　　　　B 5 判 248頁 本体4400円

データサイエンスで重要な手法を，Rで実践し身につける。〔内容〕多次元尺度法／対応分析／非線形回帰分析／樹木モデル／ニューラルネットワーク／アソシエーション分析／生存時間分析／潜在構造分析法／時系列分析／ノンパラメトリック法

前北里大 鶴田陽和著

すべての医療系学生・研究者に贈る **独 習 統 計 学 24 講**
―医療データの見方・使い方―
12193-3 C3041　　　　A 5 判 224頁 本体3200円

医療分野で必須の統計的概念を入門者にも理解できるよう丁寧に解説。高校までの数学のみを用い，プラセボ効果や有病率など身近な話題を通じて，統計学の考え方から研究デザイン，確率分布，推定，検定までを一歩一歩学習する。

前北里大 鶴田陽和著

すべての医療系学生・研究者に贈る **独 習 統 計 学 応 用 編 24 講**
―分割表・回帰分析・ロジスティック回帰―
12217-6 C3041　　　　A 5 判 248頁 本体3500円

好評の「独習」テキスト待望の続編。統計学基礎，分割表，回帰分析，ロジスティック回帰の四部構成。前著同様とくに初学者がつまづきやすい点を明解に解説する。豊富な事例と演習問題，計算機の実行で理解を深める。再入門にも好適。

医学統計学研究センター 丹後俊郎著
医学統計学シリーズ 4

新版 メ タ・ア ナ リ シ ス 入 門
―エビデンスの統合をめざす統計手法―
12760-7 C3371　　　　A 5 判 280頁 本体4600円

好評の旧版に大幅加筆。〔内容〕歴史と関連分野／基礎／手法／Heterogeneity／Publication bias／診断検査とROC曲線／外国臨床データの外挿／多変量メタ・アナリシス／ネットワーク・メタ・アナリシス／統計理論

前中大 杉山髙一・前広大 藤越康祝・
三重大 小椋 透著
シリーズ〈多変量データの統計科学〉1

多 変 量 デ ー タ 解 析

12801-7 C3341　　　　　　　A 5 判 240頁 本体3800円

「シグマ記号さえ使わずに平易に多変量解析を解説する」という方針で書かれた'83年刊のロングセラー入門書で，因子分析，正準相関分析の2章および数理的補足を加えて全面的に改訂。主成分分析，判別分析，重回帰分析を含め基礎を確立。

前北大 佐藤義治著
シリーズ〈多変量データの統計科学〉2

多 変 量 デ ー タ の 分 類
—判別分析・クラスター分析—

12802-4 C3341　　　　　　　A 5 判 192頁 本体3400円

代表的なデータ分類手法である判別分析とクラスター分析の数理を詳説，具体例へ適用。〔内容〕判別分析(判別規則，多変量正規母集団，質的データ，非線形判別)／クラスター分析(階層的・非階層的，ファジィ，多変量正規混合モデル)／他

前広大 藤越康祝・前中大 杉山髙一著
シリーズ〈多変量データの統計科学〉4

多 変 量 モ デ ル の 選 択

12804-8 C3341　　　　　　　A 5 判 224頁 本体3800円

各種の多変量解析における変数選択・モデル選択の方法論について適用例を示しながら丁寧に解説。〔内容〕線形回帰モデル／モデル選択規準／多変量回帰モデル／主成分分析／線形判別分析／正準相関分析／グラフィカルモデリング／他

前広大 藤越康祝著
シリーズ〈多変量データの統計科学〉6

経 時 デ ー タ 解 析 の 数 理

12806-2 C3341　　　　　　　A 5 判 224頁 本体3800円

臨床試験データや成長データなどの経時データ(repeated measures data)を解析する各種モデルとその推測理論を詳説。〔内容〕概論／線形回帰／混合効果分散分析／多重比較／成長曲線／ランダム係数／線形混合／離散経時／付録／他

統数研 福水健次著
シリーズ〈多変量データの統計科学〉8

カ ー ネ ル 法 入 門
—正定値カーネルによるデータ解析—

12808-6 C3341　　　　　　　A 5 判 248頁 本体3800円

急速に発展し，高次のデータ解析に不可欠の方法論となったカーネル法の基本原理から出発し，代表的な方法，最近の展開までを紹介。ヒルベルト空間や凸最適化の基本事項をはじめ，本論の理解に必要な数理的内容も丁寧に補う本格的入門書。

明大 国友直人著
シリーズ〈多変量データの統計科学〉10

構造方程式モデルと計量経済学

12810-9 C3341　　　　　　　A 5 判 232頁 本体3900円

構造方程式モデルの基礎，適用と最近の展開。統一的視座に立つ計量分析。〔内容〕分析例／基礎／セミパラメトリック推定(GMM他)／検定問題／推定量の小標本特性／多操作変数・弱操作変数の漸近理論／単位根・共和分・構造変化／他

前広大 蓑谷千凰彦著

一般化線形モデルと生存分析

12195-7 C3041　　　　　　　A 5 判 432頁 本体6800円

一般化線形モデルの基礎から詳述し，生存分析へと展開する。〔内容〕基礎／線形回帰モデル／回帰診断／一般化線形モデル／二値変数のモデル／計数データのモデル／連続確率変数のGLM／生存分析／比例危険度モデル／加速故障時間モデル

前慶大 蓑谷千凰彦著
統計ライブラリー

線 形 回 帰 分 析

12834-5 C3341　　　　　　　A 5 判 360頁 本体5500円

幅広い分野で汎用される線形回帰分析法を徹底的に解説。医療・経済・工学・ORなど多様な分析事例を豊富に紹介。学生はもちろん実務者の独習にも最適。〔内容〕単純回帰モデル／重回帰モデル／定式化テスト／不均一分散／自己相関／他

前慶大 蓑谷千凰彦著
統計ライブラリー

頑 健 回 帰 推 定

12837-6 C3341　　　　　　　A 5 判 192頁 本体3600円

最小2乗法よりも外れ値の影響を受けにくい頑健回帰推定の標準的な方法論を事例データに適用・比較しつつ基礎から解説。〔内容〕最小2乗法と頑健推定／再下降ψ関数／頑健回帰推定(LMS, LTS, BIE, 3段階S推定, τ推定, MM推定ほか)

前慶大 蓑谷千凰彦著
統計ライブラリー

回 帰 診 断

12838-3 C3341　　　　　　　A 5 判 264頁 本体4500円

回帰分析で導かれたモデルを揺さぶり，その適切さ・頑健さを評価。モデルの緻密化を図る。〔内容〕線形回帰モデルと最小2乗法／回帰診断／影響分析／外れ値への対処：削除と頑健回帰推定／微小影響分析／ロジットモデルの回帰診断

明大 国友直人著
統計解析スタンダード
応用をめざす 数 理 統 計 学
| 12851-2 C3341 | A5判 232頁 本体3500円 |

数理統計学の基礎を体系的に解説。理論と応用の橋渡しをめざす。「確率空間と確率分布」「数理統計の基礎」「数理統計の展開」の三部構成のもと、確率論、統計理論、応用局面での理論的・手法的トピックを丁寧に講じる。演習問題付。

理科大 村上秀俊著
統計解析スタンダード
ノ ン パ ラ メ ト リ ッ ク 法
| 12852-9 C3341 | A5判 192頁 本体3400円 |

ウィルコクソンの順位和検定をはじめとする種々の基礎的手法を、例示を交えつつ、ポイントを押さえて体系的に解説する。〔内容〕順序統計量の基礎/適合度検定/1標本検定/2標本問題/多標本検定問題/漸近相対効率/2変量検定/付表

筑波大 佐藤忠彦著
統計解析スタンダード
マーケティングの統計モデル
| 12853-6 C3341 | A5判 192頁 本体3200円 |

効果的なマーケティングのための統計的モデリングとその活用法を解説。理論と実践をつなぐ書。分析例はRスクリプトで実行可能。〔内容〕統計モデルの基本/消費者の市場反応/消費者の選択行動/新商品の生存期間/消費者態度の形成/他

農研機構 三輪哲久著
統計解析スタンダード
実 験 計 画 法 と 分 散 分 析
| 12854-3 C3341 | A5判 228頁 本体3600円 |

有効な研究開発に必須の手法である実験計画法を体系的に解説。現実的な例題、理論的な解説、解析の実行から構成。学習・実務の両面に役立つ決定版。〔内容〕実験計画法/実験の配置/一元(二元)配置実験/分割法実験/直交表実験/他

統数研 船渡川伊久子・中外製薬 船渡川隆著
統計解析スタンダード
経 時 デ ー タ 解 析
| 12855-0 C3341 | A5判 192頁 本体3400円 |

医学分野、とくに臨床試験や疫学研究への適用を念頭に経時データ解析を解説。〔内容〕基本統計モデル/線形混合・非線形混合・自己回帰線形混合効果モデル/介入前後の2時点データ/無作為抽出と繰り返し横断調査/離散型反応の解析/他

関学大 古澄英男著
統計解析スタンダード
ベ イ ズ 計 算 統 計 学
| 12856-7 C3341 | A5判 208頁 本体3400円 |

マルコフ連鎖モンテカルロ法の解説を中心にベイズ統計の基礎から応用まで標準的な内容を丁寧に解説。〔内容〕ベイズ統計学基礎/モンテカルロ法/MCMC/ベイズモデルへの応用(線形回帰、プロビット、分位点回帰、一般化線形ほか)/他

横市大 岩崎 学著
統計解析スタンダード
統 計 的 因 果 推 論
| 12857-4 C3341 | A5判 216頁 本体3600円 |

医学、工学をはじめあらゆる科学研究や意思決定の基盤となる因果推論の基礎を解説。〔内容〕統計的因果推論とは/群間比較の統計数理/統計的因果推論の枠組み/傾向スコア/マッチング/層別/操作変数法/ケースコントロール研究/他

琉球大 高岡 慎著
統計解析スタンダード
経 済 時 系 列 と 季 節 調 整 法
| 12858-1 C3341 | A5判 192頁 本体3400円 |

官庁統計など経済時系列データで問題となる季節変動の調整法を変動の要因・性質等の基礎から解説。〔内容〕季節性の要因/定常過程の性質/周期性/時系列の分解と季節調節/X-12-ARIMA/TRAMO-SEATS/状態空間モデル/事例/他

慶大 阿部貴行著
統計解析スタンダード
欠 測 デ ー タ の 統 計 解 析
| 12859-8 C3341 | A5判 200頁 本体3400円 |

あらゆる分野の統計解析で直面する欠測データへの対処法を欠測のメカニズムも含めて基礎から解説。〔内容〕欠測データと解析の枠組み/CC解析とAC解析/尤度に基づく統計解析/多重補完法/反復測定データの統計解析/MNARの統計手法

千葉大 汪 金芳著
統計解析スタンダード
一 般 化 線 形 モ デ ル
| 12860-4 C3341 | A5判 224頁 本体3600円 |

標準的の理論からベイズ的拡張、応用までコンパクトに解説する入門的テキスト。多様な実データのRによる詳しい解析例を示す実践志向の書。〔内容〕概要/線形モデル/ロジスティック回帰モデル/対数線形モデル/ベイズ的拡張/事例/他

上記価格（税別）は 2018 年 4 月現在